计算方法丛书·典藏版　12

多元函数逼近

王仁宏　梁学章　著

科学出版社

北京

内 容 简 介

在科技计算中，多元函数逼近理论已得到广泛的应用，其理论和研究的发展有着重要的实际意义 本书主要叙述多元函数逼近理论的发展 内容包括：线性算子的逼近原理、多元插值、多元 Чебышев 逼近、多元样条逼近、多元非线性逼近，其中包括了作者的许多科研成果．本书适用于高等院校数学系和计算机科学系的师生以及有关科研人员和工程技术人员．

图书在版编目(CIP)数据

多元函数逼近/王仁宏，梁学章著．—北京：科学出版社，1988.1 (2016.1 重印)

（计算方法丛书）

ISBN 978-7-03-000398-0

Ⅰ. ①多… Ⅱ. ①王… ②梁… Ⅲ. ①多元函数－函数逼近论 Ⅳ. ①O174.1

中国版本图书馆 CIP 数据核字(2016)第 012823 号

责任编辑：赵彦超 胡庆家／责任校对：鲁 素

责任印制：张 伟／封面设计：陈 敬

科学出版社 出版

北京东黄城根北街 16 号

邮政编码：100717

http://www.sciencep.com

北京科印技术咨询服务公司印刷

科学出版社发行 各地新华书店经销

*

1988 年 6 月第 一 版 开本：850×1168 1/32

2016 年 1 月印 刷 印张：6 1/8

字数：158 000

定价：48.00 元

(如有印装质量问题，我社负责调换)

目　录

前　　言

多元函数逼近研究用简单的多元函数(例如多元多项式、多元样条函数等)来近似表达任意多元函数问题,它是现代函数逼近论中的一个有着重要理论和实际意义的研究方向. 特别是近二十年来,由于科学技术发展的需要,人们越来越重视对它的研究.

虽然多元函数逼近与一元函数逼近有着一定的联系,但它却不是一元情形的简单推广,它要比一元情形困难得多,复杂得多. 多元函数与一元函数的根本区别在于前者定义域的多维性. 位于直线上的一个点只能有两个不同的运动方向,而在多维区域上的一个点却可以有无穷多个运动方向. 这说明多维区域上的点的分布呈现复杂的情况,而不限于一定的方向和顺序. 多维区域的这种性质使得多元函数的某些逼近问题往往具有不唯一性,同时,也使得在一元逼近中普遍适用的一些方法不能简单地推广到多元逼近中.

然而,只说区域的多维性,还未完全说明多元函数逼近的困难. 实际上,多元函数逼近中更大的困难在于多元函数在多维区域上所表现出来的复杂性. 事实上,只要指出二元多项式(它是最简单的二元逼近工具)所具有的一些与一元多项式截然不同的复杂性,就足以说明这一点. 首先,与一元 n 次多项式至多有 n 个零点的性质相反,二元 n 次多项式在一般情况下有无穷多个零点,这些零点构成一条平面代数曲线,而代数曲线通常具有复杂的结构. 其次,二元多项式的代数性质也比一元情形复杂得多,一元多项式总能分解成一次或二次质因式的连乘积,而二元多项式却不能这样,它可以有较高次数的质因式. 这种代数结构上的复杂性影响我们进一步掌握二元多项式的其它性质,因而当深入地研究二元逼近的一些理论问题时,就必然要遇到很大的困难. 此外,二元 n

次多项式的独项式没有一元情形所具有的那种自然的排列顺序，这就使得二元直交多项式没有简单递推关系，从而影响我们深入了解直交多项式的性质.

本书共分五章，第一、四、五章由王仁宏执笔，第二、三章由梁学章执笔．在初稿完成以后，曾蒙徐利治教授和周蕴时副教授审阅了原稿，提出了许多宝贵的意见，在此作者谨向他们表示敬意和感谢．另外，我们的博士和硕士研究生施锡泉、王武保、王绍铭也都为本书的誊写作了许多工作，在此谨向他们表示感谢.

由于我们的水平有限，书中难免有许多不妥、甚至错误的地方，敬请读者批评指正.

作者

1986年4月于长春，吉林大学

第一章　线性算子逼近

本章以经典的 Weierstrass 逼近定理为起点，讨论各种线性算子的逼近性质.

§1. Weierstrass 逼近定理

设 $f(x)$ 是有界闭区间 $[a, b]$ 上的连续函数,关于 $f(x)$ 在 $[a, b]$ 上可用多项式序列 $\{p_n(x)\}$ 来一致逼近的重要性质,正是下述 Weierstrass 定理.

定理 1 (Weierstrass) 设 $f(x)$ 于有界闭区间 $[a, b]$ 上连续,则对任给的 $\varepsilon > 0$,恒存在多项式 $p(x)$,使得对 $[a, b]$ 上一切 x,一致地有

$$|f(x) - p(x)| < \varepsilon, \quad a \leqslant x \leqslant b. \tag{1.1}$$

证明 不失一般性,可设 $[a, b] \equiv [0, 1]$,引入 Бернштейн 多项式

$$B_n[f(t); x] = \sum_{k=0}^{n} f\left(\frac{k}{n}\right)\binom{n}{k} x^k(1-x)^{n-k}, \tag{1.2}$$

并证在 $[0, 1]$ 上一致地有

$$\lim_{n\to\infty} B_n[f(t); x] = f(x).$$

先来计算

$$T = \sum_{k=0}^{n} (k - nx)^2 p_{nk}(x)$$

$$= \sum_{k=0}^{n} [k(k-1) - (2nx-1)k + n^2x^2] p_{nk}(x),$$

其中

$$p_{nk}(x)=\binom{n}{k}x^k(1-x)^{n-k}.$$

因为显然

$$\sum_{k=0}^{n}p_{nk}(x)\equiv 1,$$

而且

$$\sum_{k=0}^{n}kp_{nk}(x)=nx\sum_{i=0}^{n-1}\binom{n-1}{i}x^i(1-x)^{n-1-i}=nx, \quad (1.3)$$

$$\sum_{k=0}^{n}k(k-1)p_{nk}(x)=n(n-1)x^2\sum_{i=0}^{n-2}\binom{n-2}{i}x^i(1-x)^{n-2-i},$$

从而

$$T=n^2x^2-(2nx-1)nx+n(n-1)x^2=nx(1-x).$$

因为当$0\leqslant x\leqslant 1$时，$x(1-x)\leqslant\frac{1}{4}$，从而

$$\sum_{\left|\frac{k}{n}-x\right|\geqslant\delta}p_{nk}(x)\leqslant\frac{1}{\delta^2}\sum_{\left|\frac{k}{n}-x\right|\geqslant\delta}\left(\frac{k}{n}-x\right)^2p_{nk}(x)$$

$$\leqslant\frac{1}{n^2\delta^2}T\leqslant\frac{1}{4n\delta^2}. \quad (1.4)$$

根据 $f(x)$ 于 $[0,1]$ 上的连续性可推知 $f(x)$ 的一致连续性，即对于任给 $\varepsilon>0$ 都有 $\delta>0$ 存在，使得当 $|x-x'|<\delta$ 时，有

$$|f(x)-f(x')|<\varepsilon.$$

于是

$$|f(x)-B_n[f(t),x]|=\left|\sum_{k=0}^{n}\left[f(x)-f\left(\frac{k}{n}\right)\right]p_{nk}(x)\right|$$

$$\leqslant\sum_{\left|\frac{k}{n}-x\right|<\delta}\left|f(x)-f\left(\frac{k}{n}\right)\right|p_{nk}(x)$$

$$+\sum_{\left|\frac{k}{n}-x\right|\geqslant\delta}\left|f(x)-f\left(\frac{k}{n}\right)\right|p_{nk}(x).$$

其中第一项 $\leqslant \varepsilon \sum_{k=0}^{n} p_{nk}(x) = \varepsilon$，而第二项和式 $\leqslant 2M(4n\delta^2)^{-1}$，$M = \max\limits_{0\leqslant x\leqslant 1}|f(x)|$。于是

$$|f(x) - B_n[f(t); x]| \leqslant \varepsilon + M(2n\delta^2)^{-1}.$$

只须 n 充分大，则由上式可得

$$|f(x) - B_n[f(t); x]| < 2\varepsilon, \quad 0 \leqslant x \leqslant 1.$$

证毕.

本定理的证明是一种构造性的证明方法．它不仅证明了多项式序列 $\{p_n(x)\}$ 的存在性，而且给出了多项式 $p_n(x)$ 的具体形式 $B_n[f(t); x]$．所以我们可以认为这是一种构造性证法．关于 Бернштейн 多项式的详细论述，请参阅 G. G. Lorentz 的名著（见文献 [1]）.

文献 [1] 中，还介绍了 Бернштейн 多项式的多元推广.

乘积型的推广：设 $f(x_1, x_2, \cdots, x_k)$ 是在 k 维立方体 $S = \{(x_1, x_2, \cdots, x_k) | 0 \leqslant x_i \leqslant 1, i = 1, 2, \cdots k\}$ 上有定义的有界函数，k 维乘积型 Бернштейн 多项式为

$$\begin{aligned} &B^f_{n_1,\cdots,n_k}(x_1, \cdots, x_k) \\ &= \sum_{\nu_1=0}^{n_1} \cdots \sum_{\nu_k=0}^{n_k} f\left(\frac{\nu_1}{n_1}, \cdots, \frac{\nu_k}{n_k}\right) \\ &\cdot \binom{n_1}{\nu_1} \cdots \binom{n_k}{\nu_k} x_1^{\nu_1}(1 - x_1)^{n_1-\nu_1} \cdots x_k^{\nu_k}(1 - x_k)^{n_k-\nu_k}. \end{aligned} \tag{1.5}$$

T. H. Hildebrandt 和 I. J. Schoenberg[2] 指出：在函数 $f(x_1, \cdots, x_k)$ 的任一连续点处，有

$$\lim_{\substack{n_i\to\infty \\ (i=1,\cdots,k)}} B^f_{n_1,\cdots,n_k}(x_1, \cdots, x_k) = f(x_1, \cdots, x_k). \tag{1.6}$$

另一种多元 Бернштейн 多项式是定义在单纯形

$$\Delta = \{(x_1, \cdots, x_k) | x_1 + \cdots + x_k \leqslant 1, \ x_i \geqslant 0, \ i = 1, \cdots k\}$$

上的．设 $f(x_1, \cdots, x_k)$ 于 Δ 上有定义，则 Бернштейн 多项式为

$$B^f_n(x_1, \cdots, x_k) = \sum_{\nu_i\geqslant 0, \nu_1+\cdots+\nu_k\leqslant n} f\left(\frac{\nu_1}{n}, \cdots, \frac{\nu_k}{n}\right)$$

$$\cdot p_{\nu_1,\cdots,\nu_k;n}(x_1,\cdots,x_k), \tag{1.7}$$

其中

$$p_{\nu_1,\cdots,\nu_k;n}(x_1,\cdots,x_k)=\binom{n}{\nu_1,\cdots,\nu_k}x_1^{\nu_1}\cdots x_k^{\nu_k}\cdot(1-x_1-\cdots-x_k)^{n-\nu_1-\cdots-\nu_k},$$

$$\binom{n}{\nu_1,\cdots,\nu_k}=\frac{n!}{\nu_1!\cdots\nu_k!(n-\nu_1-\cdots-\nu_k)!}.$$

与定理 1 的证明类似,可证得下述收敛性定理.

定理 2 设 $f(x_1,\cdots,x_k)$ 于Δ上连续,则在Δ上一致地有

$$\lim_{n\to\infty}B_n^l(x_1,\cdots,x_n)=f(x_1,\cdots,x_k). \tag{1.8}$$

下面将介绍 Weierstrass 逼近定理的 Stone 推广. 设 ν 为 n 维欧氏空间 $\mathbf{R}^n$ 内的一个有界闭域:

$$\nu=\{(x_1,\cdots,x_n)|-\infty<a_i\leqslant x_i\leqslant b_i<\infty,\ i=1,\cdots,n\}. \tag{1.9}$$

引理 3 设Φ是定义于ν上的实值连续函数族，其满足，若 $f_1,f_2\in\Phi$，则

$$\max[f_1,f_2]\in\Phi,\quad \min[f_1,f_2]\in\Phi. \tag{1.10}$$

为使 $f\in C(\nu)$ 可用Φ中的元素一致逼近,必须且只须对于ν中任意两个点 P_1,P_2 以及任给 $\varepsilon>0$，都有函数 $t(P)\in\Phi$，使得

$$|f(P_i)-t(P_i)|<\varepsilon,\quad i=1,2. \tag{1.11}$$

证明 若设一致逼近是可能的,则对给定的 $\varepsilon>0$，我们能求得 $t(P)\in\Phi$，使得

$$|f(P)-t(P)|<\varepsilon,\quad p\in\nu,$$

于是自然 (1.11) 成立.

反过来，假定 (1.11) 式成立. 选取固定的 $Q\in\nu$ 和固定的 $\varepsilon>0$,则对任意点 V,均可找到一个函数 $t(P)(=t(P;Q,V,\varepsilon))$，使得

$$|f(Q)-t(Q)|<\varepsilon,\quad |f(V)-t(V)|<\varepsilon.$$

特别有

$$t(V) < f(V) + \varepsilon. \tag{1.12}$$

根据 t 和 f 的连续性，上述不等式必然在 V 的某邻域 N_V 内处处成立。令 V 跑遍 ν 中所有的点，则相应邻域的全体必然覆盖住了 ν。由 Heine-Borel 有限覆盖定理，其中必有有限个邻域 N_{V_1}, $N_{V_2}, \cdots N_{V_k}$ 已经盖住了 ν. 与之相应的函数 $t(P; Q, V_i)$ 满足

$$t(P; Q_2, V_i) < f(P) + \varepsilon, \ P \in N_i, \quad i = 1, \cdots, k. \tag{1.13}$$

定义

$$t^-(P; Q) = \min\{t(P; Q, V_1), \cdots, t(P; Q, V_k)\}. \tag{1.14}$$

由 (1.10) 可推知 $t^-(P;Q) \in \Phi$, 根据 (1.13), 有

$$t^-(P; Q) < f(P) + \varepsilon, \quad P \in \nu. \tag{1.15}$$

而且对每个 i,有

$$|f(Q) - t(Q; Q, V_i)| < \varepsilon,$$

因而

$$t(Q; Q, V_i) > f(Q) - \varepsilon. \tag{1.16}$$

从 (1.14) 可知

$$t^-(Q; Q) > f(Q) - \varepsilon. \tag{1.17}$$

由连续性,上式必然在 Q 的某个邻域 O 上成立

$$t^-(P; Q) > f(P) - \varepsilon. \tag{1.18}$$

让 Q 跑遍 ν, 相应的那些邻域盖住了 ν. 于是再由 Heine-Borel 定理，有有限个 $Q_1, \cdots, Q_r$, 其相应的邻域 $O_1, \cdots, O_r$ 已经盖住了 ν. 因为

$$t^-(P; Q_i) > f(P) - \varepsilon, P \in O_i, \quad i = 1, \cdots, r, \tag{1.19}$$

而 $O_1, \cdots, O_r$ 盖住了 ν, 所以对任何 $P \in \nu$, 下述不等式必对某个 i 是成立的 $(i = 1, \cdots, r)$:

$$t^-(P; Q_i) > f(P) - \varepsilon. \tag{1.20}$$

记 $S(P) = \max\{t^-(P; Q), \cdots, t^-(P; Q_r)\}$,则由上式可推知

$$S(P) > f(P) - \varepsilon, \ \text{对一切}\ P \in \nu. \tag{1.21}$$

另一方面,由 (1.15), $t^-(P; Q) < f(P) + \varepsilon, P \in \nu$ 对一切 Q 均成立。因此

$$S(P) < f(P) + \varepsilon, \quad P \in \nu.$$

注意到(1.21)，即知

$$|f(P)-S(P)|<\varepsilon, \quad P\in\nu.$$

由(1.10)即可推知 $S(P)\in\Phi$. 证毕.

定义 4 设Φ是一个实值函数族，Φ的"格壳"$\mathscr{L}$定义为那样一些含有Φ的函数族的交集，这些函数族中的每一个都具有这样的性质：只要它包含 f_1 和 f_2，则它也一定包含 $\max(f_1, f_2)$ 和 $\min(f_1, f_2)$.

定义在ν上的实值连续函数的一个"代数"$\mathscr{A}$，是一个具有下述性质的函数集合：只要 $f_1, f_2\in\mathscr{A}$，c 为实数，则

$$f_1+f_2\in\mathscr{A},\ cf_1\in\mathscr{A},\ f_1f_2\in\mathscr{A}. \tag{1.22}$$

由(1.22)显然可知 f_1 的任一实系数多项式 $a_1f_1+a_2f_1^2+\cdots+a_nf_1^n\in\mathscr{A}$.

引理 5 设 $\mathscr{A}$ 是ν上定义的实值连续函数的一个代数，而 $\mathscr{L}$ 是它的格壳，则 $\mathscr{L}$ 的元素可以用 $\mathscr{A}$ 中元素一致逼近.

证明 设以 $\mathscr{B}$ 表示可用 $\mathscr{A}$ 中元素一致逼近的函数集合，不难指出：

(i) $\mathscr{B}$ 是一个代数；

(ii) 若 $f\in\mathscr{B}$，则 $|f|\in\mathscr{B}$.

因为

$$\max(f_1, f_2)=\frac{1}{2}[(f_1+f_2)+|f_1+f_2|],$$

$$\min(f_1, f_2)=\frac{1}{2}[(f_2+f_2)-|f_1-f_2|],$$

于是以(i), (ii)可以推知，如果 $f_1, f_2\in\mathscr{B}$，则

$$\max(f_1, f_2)\in\mathscr{B}, \quad \min(f_1, f_2)\in\mathscr{B}.$$

因为显然 $\mathscr{A}\subseteq\mathscr{B}$，于是从定义 4 可推知

$$\mathscr{L}\subseteq\mathscr{B}.$$

引理得证.

定理 6 (Stone-Weiertrass) 设 $\mathscr{A}$ 是ν上实值连续函数的一个代数，为使ν上任意给定的实值连续函数 f 都可用 $\mathscr{A}$ 中的

元素一致逼近，必须且只须对任意两点 $P_1, P_2 \in \nu$ 和任意的 $\varepsilon>0$，均能找到一个 $g \in \mathscr{A}$，使得

$$|f(P_i)-g(P_i)| \leqslant \varepsilon, \quad i=1, 2.$$

证明 若 f 于 ν 上可用 $\mathscr{A}$ 中元素一致逼近，则所述条件自然满足. 反之，假定这些条件成立. 今以 $\mathscr{L}(\mathscr{A})$ 表示 $\mathscr{A}$ 的格壳，f 于 ν 上连续. 对于任意两点 $P_1, P_2 \in \nu$，任意 $\varepsilon>0$，我们能找到一个 $g \in \mathscr{A}$ (因而 $\in \mathscr{L}(\mathscr{A})$)，使得

$$|f(P_i)-g(P_i)| \leqslant \varepsilon, \quad i=1, 2.$$

因此按引理 3 (其中 $\Phi=\mathscr{L}(\mathscr{A})$)，在 ν 上我们能用 $\mathscr{L}(\mathscr{A})$ 中的元素一致逼近 f. 另一方面，由引理 5，$\mathscr{L}(\mathscr{A})$ 中的元素能用 $\mathscr{A}$ 中的元素一致逼近. 把这两种逼近联合在一起，即知能用 $\mathscr{A}$ 中的元素来一致逼近 f. 证毕.

推论 7 设 $f(x_1, \cdots, x_n)$ 是 ν 上的实值连续函数，则它能在 ν 上用 $x_1, \cdots, x_n$ 的多项式一致逼近.

证明 取 $x_1, \cdots, x_n$ 的多项式集合作为代数 $\mathscr{A}$. 设 $P_1=(x_1^{(1)}, \cdots, x_n^{(1)})$ 和 $P_2=(x_1^{(2)}, \cdots, x_n^{(2)})$ 是任意两个不同的点. 考虑

$$g(x_1, \cdots, x_n)=f(P_1)+\frac{f(P_2)-f(P_1)}{\sum_{i=1}^{n}(x_i^{(2)}-x_i^{(1)})^2} \cdot \sum_{i=1}^{n}(x_i-x_i^{(1)})(x_i^{(2)}-x_i^{(1)}).$$

这是一个 $x_1, \cdots, x_n$ 的多项式，并且满足插值条件

$$g(P_i)=f(P_i), \quad i=1, 2.$$

于是由 Stone-Weierstrass 定理，即知推论成立. 证毕.

§2. 线性正算子的收敛性及其估计

设 $\mathbf{B}$ 为 Banach 空间或其子空间，$\mathbf{B}$ 中元素常用 x, y, t 等表示，而它们的范数分别记为 $\|x\|, \|y\|, \|t\|$ 等. 又记 $f(x)$ 是一个

定义于 B 上的泛函数，$L[f(t);x]$ 是一个变 t 泛函为 x 泛函的线性算子.

一个线性算子 $L[f(t);x]$ 为线性正算子，如果对任何 $f(x)\geqslant 0$，均有

$$L[f(t);x]\geqslant 0. \tag{1.23}$$

下面我们来讨论线性正算子序列 $\{L_n[f(t);x]\}$ 收敛于 $f(x)$ 的问题. 主要介绍 Коровкин 型的收敛性定理.

就一元函数的情况，П. П. Коровкин 在他的名著 [3] 中曾经给出如下的定理:

定理 8 (Коровкин) 如果线性正算子序列 $\{L_n[f(t);x]\}$ 满足

$$\begin{aligned}L_n[1;x]&=1+\alpha_n(x),\\ L_n[t;x]&=x+\beta_n(x),\\ L_n[t^2;x]&=x^2+\gamma_n(x),\end{aligned} \tag{1.24}$$

其中 $\alpha_n(x)$, $\beta_n(x)$ 和 $\gamma_n(x)$ 于区间 $[a,b]$ 上一致收敛到 0. 则序列 $\{L_n[f(t);x]\}$ 在 $[a,b]$ 上一致收敛于函数 $f(x)$，只要 $f(x)$ 有界，在 $[a,b]$ 上连续且于点 b 为右连续于点 a 为左连续.

这个定理表明，为判定线性正算子序列对于函数类的收敛性，只须去检验它们对于试探函数 $1, x, x^2$ 是否收敛就可以了. 现今对于 Коровкин 定理已有许多有趣的推广. 我们不可能介绍所有这些推广，此处只介绍 В. И. Волков[4] 关于多元线性正算子序列的收敛性定理.

定理 9 (Волков) 设 $\{L_n[f(\xi,\eta);x,y]\}$ 是一个线性正算子序列，它满足

$$\begin{aligned}&\text{(i)}\ L_n[1;x,y]=1+\alpha_n(x,y),\\ &\text{(ii)}\ L_n[\xi;x,y]=x+\beta_n(x,y),\\ &\text{(iii)}\ L_n[\eta;x,y]=y+\gamma_n(x,y),\\ &\text{(iv)}\ L_n[\xi^2+\eta^2;x,y]=x^2+y^2+\delta_n(x,y),\end{aligned} \tag{1.25}$$

其中 $\alpha_n(x,y)$, $\beta_n(x,y)$, $\gamma_n(x,y)$ 和 $\delta_n(x,y)$ 均于有界闭区域 $\overline{\mathscr{D}}$ 上一致趋于 0，则对于一切 $f(x,y)\in C(\overline{\mathscr{D}})$，于闭区域 $\overline{\mathscr{D}}$

上恒一致地有

$$\lim_{n\to\infty} L_n[f(\xi,\eta);x,y]=f(x,y). \tag{1.26}$$

证明 假定 $\phi(\xi,\eta)=(\xi-x)^2+(\eta-y)^2$. 由条件 (i)—(iv) 以及线性算子的性质,可知

$$\begin{aligned}L_n[\phi(\xi,\eta);x,y)&=L_n[\xi^2+\eta^2;x,y]\\&\quad-2xL_n[\xi;x,y]-2yL_n[\eta;x,y]\\&\quad+(x^2+y^2)L_n[1;x,y]\end{aligned} \tag{1.27}$$

当 $n\to\infty$ 时于 $\overline{\mathscr{D}}$ 上一致趋于 0.

因为 $f(x,y)\in C(\overline{\mathscr{D}})$, 所以有正常数 M 存在,使得

$$|f(x,y)|<M, \text{当}(x,y)\in\overline{\mathscr{D}} \text{ 时}.$$

于是有

$$-2M<f(\xi,\eta)-f(x,y)<2M.$$

再根据连续性,对任给 $\varepsilon>0$,有 $\rho>0$ 存在,使得只要$(\xi-x)^2+(\eta-y)^2<\rho^2$, 就有

$$-\varepsilon<f(\xi,\eta)-f(x,y)<\varepsilon.$$

综合以上两式即可推出,对于 $\overline{\mathscr{D}}$ 中任意两点,总有下式成立

$$-\varepsilon-\frac{2M}{\rho^2}\phi(\xi,\eta)<f(\xi,\eta)-f(x,y)<\varepsilon+\frac{2M}{\rho^2}\phi(\xi,\eta).$$

由线性正算子的单调性质(只要 $f\leqslant g$, 则 $L_n[f;x,y]\leqslant L_n[g;x,y]$, 立即可从上式导出

$$\begin{aligned}&-\varepsilon L_n[1;x,y]-\frac{2M}{\rho^2}L_n[\phi(\xi,\eta);x,y]\\&<L_n[f(\xi,\eta);x,y]-f(x,y)L_n[1;x,y]\\&<\varepsilon L_n[1;x,y]+\frac{2M}{\rho^2}L_n[\phi(\xi,\eta);x,y].\end{aligned} \tag{1.28}$$

根据定理的条件 (i), (1.27) 和 (1.28) 式,可知只要 n 充分大,就有

$$|L_n[f(\xi,\eta);x,y]-f(x,y)|<2\varepsilon.$$

证毕.

下面我们来进一步研究线性正算子收敛速度的估计问题. 首

先考虑 Коровкин 定理的定量化问题. 它是由 P. Г. Мамедов[5] 开始研究的. 而其较一般的形式则是 O. Shisha 和 B. Mond[6] 给出的.

定理 10 设 $\{L_n\}$ 是一个将 $C[a,b]$ 映入 $C[c,d]$、而 $[c,d]\subseteq[a,b]$ 的线性正算子序列. 定义

$$\alpha_n(x)=\sqrt{L_n[(t-x)^2;x]},\quad c\leqslant x\leqslant d. \tag{1.29}$$

若 $f(x)\in C[a,b]$, $x\in[c,d]$, 则

$$\begin{aligned}|L_n[f(t);x]-f(x)|&\leqslant|f(x)|\cdot|1-L_n[1;x]|\\&\quad+(L_n[1;x]+(L_n[1;x])^{1/2})\omega(f;\alpha_n(x)),\end{aligned} \tag{1.30}$$

而 $\omega(f;\delta)$ 为 $f(x)$ 的连续模

$$\omega(f;\delta)=\max_{|x-y|\leqslant\delta}|f(x)-f(y)|.$$

若 $f(x)\in C'[a,b]$, $x\in[c,d]$, 则

$$\begin{aligned}|L_n[f(t);x]-f(x)|&\leqslant|f(x)|\cdot|1-L_n[1;x]|\\&\quad+|f'(x)|\cdot|L_n[t-x;x]|\\&\quad+(1+(L_n[1;x])^{1/2})\alpha_n(x)\omega(f';\alpha_n(x)).\end{aligned} \tag{1.31}$$

证明 假设 $f(x)\in C[a,b]$, $x\in[c,d]$. 则对任何 $t\in[a,b]$ 和 $\delta>\alpha_n(x)$, 由连续模数的性质可知

$$|f(t)-f(x)|\leqslant\omega(f;|t-x|)\leqslant(1+\delta^{-1}|t-x|)\omega(f;\delta), \tag{1.32}$$

其中若 $\alpha_n(x)>0$, 则可取 $\delta=\alpha_n(x)$. 由上式知

$$\begin{aligned}|L_n[f(t);x]-f(x)|&\leqslant L_n[|f(t)-f(x)|;x]\\&\quad+|L_n[f(x);x]-f(x)|\\&\leqslant\omega(f;\delta)(L_n[1;x]\\&\quad+\delta^{-1}L_n[|t-x|;x])\\&\quad+|f(x)|\cdot|L_n[1;x]-1|.\end{aligned}$$

根据 Cauchy-Schwartz 不等式, 有

$$\begin{aligned}L_n[|t-x|;x]&\leqslant(L_n[(t-x)^2;x])^{1/2}(L_n[1;x])^{1/2}\\&=(L_n[1;x])^{1/2}\cdot\alpha_n(x).\end{aligned}$$

由于 $\delta>\alpha_n(x)$, 因而

$$|L_n[f(t); x] - f(x)| \leqslant |f(x)| \cdot |L_n[1; x] - 1| + (L_n[1; x] + (L_n[1; x])^{1/2})\omega(f; \delta). \tag{1.33}$$

因为 δ 是大于 $\alpha_n(x)$ 的任何数,所以由此推出 (1.30) 式成立.

下面来证明估计式 (1.31). 假定 $f(x) \in C'[a, b]$, 并把 $f(t)$ 写成

$$f(t) = f(x) + f'(x)(t - x) + [f(t) - f(x) - f'(x)(t - x)].$$

于是

$$|L_n[f(t); x] - f(x)| \leqslant |f(x)| \cdot |L_n[1; x] - 1| - |f'(x)||L_n[t - x; x]| + L_n[|f(t) - f(x) - f'(x)(t - x)|; x]. \tag{1.34}$$

根据估计式

$$|f(t) - f(x) - f'(x)(t - x)| \leqslant |t - x|(1 + \delta^{-1}|t - x|)\omega(f'; \delta),$$

其中 δ 是大于 $\alpha_n(x)$ 的任何数,于是

$$\begin{aligned} &L_n[|f(t) - f(x) - f'(x)(t - x)|; x] \\ &\quad \leqslant (L_n[|t - x|; x] + \delta^{-1}\alpha_n^2(x))\omega(f'; \delta) \\ &\quad \leqslant ((L_n[1; x])^{1/2}\alpha_n(x) + \alpha_n^2(x)\delta^{-1}) \cdot \omega(f'; \delta), \end{aligned}$$

由于 δ 的任意性 ($\delta > \alpha_n(x)$), 可知

$$L_n[|f(t) - f(x) - f'(x)(t - x)|; x] \leqslant [(L_n[1; x])^{1/2} + 1]\alpha_n(x)\omega(f'; \alpha_n(x)),$$

它与 (1.34) 一起给出了估计式 (1.31). 证毕.

若以 $C^* = C^*[-\pi, \pi]$ 表示以 2π 为周期的连续函数空间, 则与定理 10 完全类似, 可以证明下述的定理 11.

定理 11 设 $\{L_n[f(x); x]\}$ 是将 C^* 映入 C^* 的线性正算子序列. 记

$$\beta_n(x) = \sqrt{L_n\left[\sin^2\left(\frac{t - x}{2}\right); x\right]}, \quad -\pi \leqslant x \leqslant \pi. \tag{1.35}$$

若 $f(x) \in C^*$ 且 $x \in [-\pi, \pi]$, 则

$$|L_n[f(t);x]-f(x)|\leqslant|f(x)||1-L_n[1;x]|$$
$$+(L_n[1;x]+\pi(L_n[1;x])^{1/2})\cdot\omega(f;\beta_n(x)). \tag{1.36}$$

若 $f'(x)\in C^*$ 且 $x\in[-\pi,\pi]$，则

$$|L_n[f(t);x]-f(x)|\leqslant|f(x)|\cdot|1-L_n[1;x]|$$
$$+|f'(x)|[|L_n[\sin(t-x);x]|+\pi^2\beta_n^2(x)]$$
$$+\pi^2[1+(L_n[1;x])^{1/2}]\cdot\beta_n^2(x)\omega(f';\beta_n(x)). \tag{1.37}$$

此处定理 10 和定理 11 只是给出了一般的连续模数估计式，至于对于各个具体算子的相应估计，则需经过一番具体的计算。

早在 1935 年 T. Popoviciu 就给出了 Бернштейн 多项式 $B_n[f;x]$ 的连续模数估计式：

定理 12 (Popoviciu[7]) 设 $f(x)\in C[0,1]$，则

$$|B_n[f;x]-f(x)|\leqslant\frac{5}{4}\omega\left(f;\frac{1}{\sqrt{n}}\right), \tag{1.38}$$

其中系数 5/4 是 G. G. Lorentz[1] 改进的。

G. G. Lorentz[1] 还指出了

定理 13[1] 设 $f(x)\in C[0,1]$，则

$$|B_n[f;x]-f(x)|\leqslant\frac{3}{4}\frac{1}{\sqrt{n}}\omega\left(f';\frac{1}{\sqrt{n}}\right). \tag{1.39}$$

下面我们来讨论多元 Бернштейн 多项式的连续模数估计.对于定义于单纯形

$$\mathscr{D}=\{(x_1,\cdots,x_k)|x_1+\cdots+x_k\leqslant1,\ x_i\geqslant0,\quad i=1,\cdots,k\}$$

上的连续函数 $f(x_1,\cdots,x_k)$，李文清[8]给出了下述连续模数估计式：

定理 14[8] 设 $f(x_1,\cdots,x_k)\in C(\mathscr{D})$，且记

$$\omega(f;\delta)=\max_{\|X-Y\|\leqslant\delta}|f(X)-f(Y)|,$$

其中 $\|X-Y\|$ 为 $X=(x_1,\cdots x_k)$ 和 $Y=(y_1,\cdots,y_k)$ 在 k 维欧氏空间 R^k 中的距离。则对于由 (1.7) 所给出的非乘积型 Бернштейн 多项式 $B_n^I(x_1,\cdots,x_k)$，有

$$|B_n^f(x_1,\cdots,x_k)-f(x_1,\cdots,x_k)|\leqslant 2\omega\left(f;\ \frac{1}{\sqrt{n}}\right). \quad (1.40)$$

证明 首先显然有恒等式

$$\sum_{\nu_i\geqslant 0,\nu_1+\cdots+\nu_k\leqslant n} p_{\nu_1,\cdots,\nu_k,n}(x_1,\cdots,x_k)\equiv 1. \quad (1.41)$$

上式对 x_j 求偏导数，然后再乘以 x_j 可得

$$\sum_{\nu_i\geqslant 0,\nu_1+\cdots+\nu_k\leqslant n} \nu_j p_{\nu_1,\cdots,\nu_k;n}(x_1,\cdots,x_k)=nx_j. \quad (1.42)$$

又将 (1.42) 式对 x_j 求偏导数，然后再乘以 x_j，经计算又可得

$$\sum_{\nu_i\geqslant 0,\nu_1+\cdots+\nu_k\leqslant n} \nu_j^2 p_{\nu_1,\cdots,\nu_k;n}(x_1,\cdots,x_k)=hx_j+n(n-1)x_j^2. \quad (1.43)$$

于是，

$$\begin{aligned}
&|B_n^f(x_1,\cdots,x_k)-f(x_1,\cdots,x_k)|\\
\leqslant &\sum_{\nu_i\geqslant 0,\nu_1+\cdots+\nu_k\leqslant n}\left|f\left(\frac{\nu_1}{n_1},\cdots,\frac{\nu_k}{n}\right)\right.\\
&\left.-f(x_1,\cdots,x_k)\right|p_{\nu_1,\cdots,\nu_k;n}(x_1,\cdots,x_k)\\
\leqslant &\sum_{\nu_i\geqslant 0,\nu_1+\cdots+\nu_k\leqslant n}\left(1+\left[\frac{\left\|\left(\frac{\nu_1}{n},\cdots,\frac{\nu_k}{n}\right)-(x_1,\cdots,x_k)\right\|}{\delta}\right]\right.\\
&\left.\cdot\omega(f;\delta)\cdot p_{\nu_1,\cdots,\nu_k,n}(x_1,\cdots,x_k)\right)\\
\leqslant &\ \omega(f;\delta)\left\{1+\frac{1}{\delta^2}\sum_{i=1}^{k}\sum_{\nu_i\geqslant 0,\nu_1+\cdots+\nu_k\leqslant n}\left(\frac{\nu_i}{n}-x_i\right)^2\right.\\
&\left.\cdot p_{\nu_1,\cdots,\nu_k;n}(x_1,\cdots,x_k)\right\}\\
=&\ \omega(f;\delta)\left\{1+\frac{1}{n^2\delta^2}\sum_{i=1}^{k}(nx_i+n(n-1)x_i^2-2n^2x_i^2+n^2x_i^2)\right\}\\
=&\ \omega(f;\delta)\left\{1+\frac{n}{n^2\delta^2}\sum_{i=1}^{k}(x_i-x_i^2)\right\}\\
\leqslant &\ \omega(f;\delta)\left\{1+\frac{1}{n\delta^2}\left(1-\sum_{i=1}^{k}x_i^2\right)\right\}
\end{aligned}$$

$$\leqslant \omega(f;\delta)\left(1+\frac{1}{n\delta^2}\right).$$

于上式中取 $\delta=1/\sqrt{n}$，则得到

$$|B_n^f(x_1,\cdots,x_k)-f(x_1,\cdots,x_k)|\leqslant 2\omega\left(f;\frac{1}{\sqrt{n}}\right).$$

证毕。

为简便计，令 $t\equiv(t_1,\cdots,t_k)$，$x\equiv(x_1,\cdots,x_k)$ 为 R^k 中的点向量，$dt\equiv dt_1\cdots dt_k$。于文献 [16] 中徐利治与作者之一曾引进了非乘积型算子

$$V_n[f(t);x]=\frac{1}{K_n}\int_{-\pi}^{\pi}\cdots\int_{-\pi}^{\pi}f(t)\left[\sum_{i=1}^{k}\cos^2\left(\frac{t_i-x_i}{2}\right)\right]^n dt\,, \tag{1.44}$$

其中 K_n 为由 $V_n[1;x]\equiv 1$ 所决定的常数，

$$K_n=4^k\int_0^{\pi/2}\cdots\int_0^{\pi/2}\left(\sum_{i=1}^{k}\cos^2 t_i\right)^n dt\sim k^n\cdot 2^k\cdot(\pi k/n)^{k/2}(n\to\infty).$$

定理 15[16] 设 $f(x)$ 为对每个变量而言均具有周期 2π 的连续函数。则

$$|V_n[f;x]-f(x)|\leqslant A\omega\left(f;\frac{1}{\sqrt{n}}\right), \tag{1.45}$$

其中 $\omega(f;\delta)$ 的定义如定理 14，而 A 为绝对正常数，对一切充分大的 n 而言，可取

$$A=1+2k^{3/2}\cdot\pi^{-\frac{1}{2}}\approx 1+1\cdot 13k^{3/2}.$$

证明 利用 $f(x)$ 以及核函数的周期性不难得出

$$\begin{aligned}|V_n[f(t);x]-f(x)|&\leqslant\frac{1}{K_n}\int_{x_1-\pi}^{x_1+\pi}\cdots\int_{x_k-\pi}^{x_k+\pi}|f(t)-f(x)|\\&\quad\cdot\left[\sum_{i=1}^{k}\cos^2\left(\frac{t_i-x_i}{2}\right)\right]^n dt\\&\leqslant\frac{1}{K_n}\int_{x_1-\pi}^{x_1+\pi}\cdots\int_{x_k-\pi}^{x_k+\pi}\omega(f;\|t-x\|)\end{aligned}$$

$$\cdot\left[\sum_{i=1}^{k}\cos^2\left(\frac{t_i-x_i}{2}\right)\right]^n dt$$

$$\leqslant \frac{1}{K_n}\int_{x_1-\pi}^{x_1+\pi}\cdots\int_{x_k-\pi}^{x_k+\pi}(1+\sqrt{n}\,\|t-x\|)$$

$$\cdot\,\omega\left(f;\frac{1}{\sqrt{n}}\right)\left[\sum_{i=1}^{k}\cos^2\left(\frac{t_i-x_i}{2}\right)\right]^n dt$$

$$=\omega\left(f;\frac{1}{\sqrt{n}}\right)\left\{1+2^{k+1}\cdot\sqrt{n}\,\frac{1}{K_n}\right.$$

$$\cdot\int_{-\frac{\pi}{2}}^{\frac{\pi}{2}}\cdots\int_{-\frac{\pi}{2}}^{\frac{\pi}{2}}\|t\|$$

$$\left.\cdot\left[\sum_{i=1}^{k}\cos^2 t_i\right]^n dt\right\}.$$

而且

$$\frac{1}{K_n}\int_{-\frac{\pi}{2}}^{\frac{\pi}{2}}\cdots\int_{-\frac{\pi}{2}}^{\frac{\pi}{2}}\|t\|\cdot\left[\sum_{i=1}^{k}\cos^2 t_i\right]^n dt$$

$$\leqslant \frac{1}{K_n}\int_{-\frac{\pi}{2}}^{\frac{\pi}{2}}\cdots\int_{-\frac{\pi}{2}}^{\frac{\pi}{2}}(|t_1|+\cdots+|t_k|)\cdot\left[\sum_{i=1}^{k}\cos^2 t_i\right]^n dt$$

$$=\frac{k}{K_n}\int_{-\frac{\pi}{2}}^{\frac{\pi}{2}}\cdots\int_{-\frac{\pi}{2}}^{\frac{\pi}{2}}|t_1|\cdot\left[\sum_{i=1}^{k}\cos^2 t_i\right]^n dt.$$

对上式利用渐近积分公式(见文献[9], p.33与p.39), 并经整理即可知对一切充分大的n, 有

$$|V_n[f(t);x]-f(x)|\leqslant(1+2k^{3/2}\cdot\pi^{-1/2})\omega\left(f;\frac{1}{\sqrt{n}}\right).$$

证毕.

若对任意给定的两点 $x=(x_1,\cdots,x_k)$, $y=(y_1,\cdots,y_k)$ 都有 $(x<\alpha\leqslant 1)$

$$|f(x)-f(y)|\leqslant M\sum_{i=1}^{k}|x_i-y_i|^\alpha,$$

其中M为正常数. 则记 $f(x)\in \mathrm{lip}_M\alpha$.

记

$$U_n(\alpha) = \sup_{f \in \mathrm{lip}_M \alpha} [\max_x |V_n(f; x) - f(x)|].$$

定理 16[10]

$$U_n(\alpha) = \frac{M \cdot 2^\alpha \cdot k^{1+\alpha/2}}{\sqrt{\pi n^\alpha}} \Gamma\left(\frac{1+\alpha}{2}\right) + o\left(\frac{1}{\sqrt{n^\alpha}}\right). \quad (1.46)$$

定理 17[10] 设 $f(x)$ 以及它的一切一阶偏导数都是以 2π 为周期的连续函数，则下述估计式成立:

$$|V_n[f(x); x] - f(x)| \leqslant A \cdot n^{-1/2} \sum_{i=1}^{k} \omega\left(\frac{\partial f}{\partial x_i}; \frac{1}{\sqrt{n}}\right), \quad (1.47)$$

其中 A 为一绝对正常数. 对一切充分大的 n 而言，可取

$$A \approx 2(2k^2 + (\pi - 2)k + \sqrt{k\pi})/\pi.$$

设 $Q \subset R^k$ 是有界闭区域. 以 $C^2(Q)$ 记 Q 上的二次连续可微函数类.

引理 18[11] 若 $f(x) \in C^2(Q)$，则

$$f(t) = f(x) + \sum_{i=1}^{k} \frac{\partial f}{\partial x_i}(t_i - x_i) + \frac{1}{2}\sum_{i,j=1}^{k} \frac{\partial^2 f}{\partial x_i \partial x_j}(t_i - x_i)(t_j - x_j) + \alpha(t)\|t - x\|^2, \quad (1.48)$$

其中 $\lim\limits_{t \to x} \alpha(t) = 0$.

证明 考虑当 $t \to x$ 时下列比式的极限

$$\rho(t; x) = \left[f(t) - f(x) - \sum_{i=1}^{k} \frac{\partial f}{\partial x_i}(t_i - x_i) - \frac{1}{2}\sum_{i,j=1}^{k} \frac{\partial^2 f}{\partial x_i \partial x_j}(t_i - x_i)(t_j - x_j)\right] \Big/ \|t - x\|^2.$$

设 $t = x + \lambda\delta$，其中 $\delta = (\delta_1, \cdots, \delta_k)$ 是非零的单位向量. 于上式两次利用洛必达法则，得到

$$\lim_{t \to x} \rho(t; x) = \lim_{\lambda \to 0} \left\{\left[\sum_{i,j=1}^{k} \left(\frac{\partial^2 f(x + \lambda\delta)}{\partial x_i \partial x_j} - \frac{\partial^2 f}{\partial x_i \partial x_j}\right)\delta_i \delta_j\right] \Big/ \right.$$

$$[2\|\delta\|^2]\Big\} = 0,$$

而且上面的极限对 δ 而言还是一致的. 从而 (1.48) 式成立.

为了得到线性正算子逼近阶的渐近公式, 对任意正数 δ 和正整数 m, 定义函数

$$\theta_\delta^{(m)}(t) = \begin{cases} 0, & \text{当 } \|t-x\| < \delta. \\ \left[\sum_{i=1}^{k}(t_i - x_i)^2\right]^m & \text{当 } \|t-x\| \geqslant \delta. \end{cases}$$

定理 19[11] 设 $L_n[f(t); x]$ 满足条件

$$L_n[1; x] = 1 + o[1/\varphi_1(n)],$$

$$L_n[t_i; x] = x_i + \frac{\xi_i(x)}{\varphi_1(n)} + o\left[\frac{1}{\varphi_1(n)}\right], \quad i = 1, \cdots, k, \tag{1.49}$$

$$L_n[t_i t_j; x] = x_i x_j + \frac{\eta_{ij}(x)}{\varphi_2(n)} + o\left[\frac{1}{\varphi_2(n)}\right], \quad i, j = 1, \cdots, k,$$

其中 $\varphi_j(n) \to \infty$, $n \to \infty$; $j = 1, 2$.

若 $1/\varphi_2(n) = o[1/\varphi_1(n)]$, $n \to \infty$, 且对某 $m \geqslant 1$ 满足条件

$$\lim_{n\to\infty} \varphi_1(n) \cdot L_n[\theta_\delta^{(m)}(t); x] = 0,$$

则对任意 $f(x) \in C^2(\theta)$, 当 $n \to \infty$ 时, 均有 $(\Delta_n = L_n - f)$

$$\delta_n \sim \frac{1}{\varphi_1(n)}\left(\sum_{i=1}^{k}\frac{\partial f}{\partial x_i}\cdot \xi_i(x) - \sum_{i,j=1}^{k}\frac{\partial^2 f}{\partial x_i \partial x_j}\cdot \frac{x_i\xi_j(x) + x_j\xi_i(x)}{2}\right). \tag{1.50}$$

证明 由引理 18 知

$$\begin{aligned}\delta_n &= \sum_{i=1}^{k}\frac{\partial f}{\partial x_i} L_n[t_i - x_i; x] \\ &\quad + \frac{1}{2}\sum_{i,j=1}^{k}\frac{\partial^2 f}{\partial x_i \partial x_j} L_n[(t_i - x_i)(t_j - x_j); x] \\ &\quad + L_n\left[\alpha(t)\cdot\sum_{i=1}^{k}(t_i - x_i)^2; x\right] + o[1/\varphi_1(n)] \\ &= \sum_{i=1}^{k}\frac{\partial f}{\partial x_i} L_1 + \frac{1}{2}\sum_{i,j=1}^{k}\frac{\partial^2 f}{\partial x_i \partial x_j} L_2 + L_3 + o[1/\varphi_1(n)].\end{aligned}$$

由假设条件可求出

$$L_1 = \frac{\xi_1(x)}{\varphi_1(n)} + o\left[\frac{1}{\varphi_1(n)}\right]$$

$$L_2 = -\frac{x_i\xi_j(x) + x_j\xi_i(x)}{\varphi_1(n)} + o\left[\frac{1}{\varphi_1(n)}\right].$$

于是，

$$\delta_n = \frac{1}{\varphi_1(n)}\left\{\sum_{i=1}^{k}\frac{\partial f}{\partial x_i}\xi_i(x) - \sum_{i,j=1}^{k}\frac{\partial^2 f}{\partial x_i \partial x_j}\cdot\frac{x_i\xi_j(x) + x_j\xi_i(x)}{2}\right\}$$
$$+ L_3 + o[1/\varphi_1(n)].$$

往下只需证明

$$\lim_{n\to\infty}\varphi_1(n)L_3 = \lim_{n\to\infty}\varphi_1(n)L_n[\alpha(t)\|t-x\|^2; x] = 0. \quad (1.51)$$

由引理 18 可知对任给 $\varepsilon > 0$，存在 $\delta > 0$，使得

$$|\alpha(t)| < \varepsilon, \quad 当 \ \|t-x\| < \delta.$$

固定这样取到的 δ，并记 $c = \max\limits_{t\in\theta}|\alpha(t)|\cdot\delta^{2-2m}$，则

$$\begin{aligned}|\varphi_1(n)L_3| = |\varphi_1(n) & \underset{\|t-x\|\geq\delta}{L_n}[\alpha(t)\|t-x\|^2; x] \\ & + \varphi_1(n)\underset{\|t-x\|<\delta}{L_n}[\alpha(t)\|t-x\|^2; x]| \\ \leqslant c\cdot & \varphi_1(n)L_n[\theta_\delta^{(m)}(t); x] \\ & + \varphi_1(n)\underset{\|t-x\|<\delta}{L_n}[|\alpha(t)|\cdot\|t-x\|^2; x] \\ \leqslant c\cdot & \varphi_1(n)L_n[\theta_\delta^{(m)}(t); x] \\ & + \varepsilon\varphi_1(n)L_n[\|t-x\|^2; x].\end{aligned}$$

由假设条件知 $\lim\limits_{n\to\infty}\varphi_1(n)L_n[\theta_\delta^{(m)}(t); x] = 0$，又由条件 (1.49) 不难算得

$$\varphi_1(n)L_n[\|t-x\|^2; x] = -\sum_{i=1}^{k}x_i\xi_i(x) + o(1).$$

于是 (1.51) 式成立，从而定理得证。

完全类似地有

定理 20[11] 设 $L_n[f; x]$ 满足条件 (1.49)，且 $1/\varphi_1(n) = o[1/\varphi_2(n)]\ (n\to\infty)$. 又设对某个 $m \geqslant 1$

$$\lim_{n\to\infty}\varphi_2(n)L_n[\theta_\delta^{(m)}(t);\ x]=0.$$

则对任意 $f(x)\in C^2(\theta)$，当 $n\to\infty$ 时均有

$$\delta_n\sim\frac{1}{2\varphi_2(n)}\sum_{i,j=1}^{k}\eta_{ij}(x)\frac{\partial^2 f}{\partial x_i\partial x_j}. \tag{1.52}$$

定理 21[11] 设 $L_n[f;\ x]$ 满足条件 (1.49) (其中 $\varphi_1(n)=\varphi_2(n)=\varphi(n)$)，且对某 $m\geqslant 1$ 有

$$\lim_{n\to\infty}\varphi(n)L_n[\theta_\delta^{(m)}(t);\ x]=0.$$

则对任意 $f(x)\in C^2(Q)$，当 $n\to\infty$ 时均有

$$\delta_n\sim\frac{1}{\varphi(n)}\left\{\sum_{i=1}^{k}\frac{\partial f}{\partial x_i}\xi_i(x)\right.$$
$$\left.+\frac{1}{2}\sum_{i,j=1}^{k}\left(\eta_{ij}(x)-\frac{x_j\xi_i(x)+x_i\xi_j(x)}{2}\right)\frac{\partial^2 f}{\partial x_i\partial x_j}\right\}. \tag{1.53}$$

对于由 (1.7) 式所给出的非乘积型 Бернштейн 多项式 $B_n^f\cdot(x_1,\cdots,x_n)$，有下述 Stancu 定理：

定理 22 (Stancu)[13] 对任意 $f(x)\in C^2(\mathscr{D})$，当 $n\to\infty$ 时，有

$$B_n^f(x_1,\cdots,x_k)=\frac{1}{2n}\left\{\sum_{i=1}^{k}x_i(1-x_i)\frac{\partial^2 f}{\partial x_i^2}\right.$$
$$\left.-2\sum_{i\neq j}x_ix_j\frac{\partial^2 f}{\partial x_i\partial x_j}\right\}. \tag{1.54}$$

事实上，只需利用定理 20 就可以证得 (1.54) 式成立。

对于由 (1.44) 给出的算子 $V_n[f(t);\ x]$，根据对称性，显然有

$$V_n[t_i;\ x]=0,\quad V_n[t_it_j;\ x]=0,\quad i\neq j.$$

再由渐近积分公式(见文献 [9], p.33, p.39)，可知

$$V_n(t_i^2;\ x)=\frac{1}{K_n}\int_{-\pi}^{\pi}\cdots\int_{-\pi}^{\pi}t_i^2\left[\sum_{j=1}^{k}\cos^2\frac{t_j}{2}\right]^n dt$$
$$=x^2+2k/n+o(1/n),\quad n\to\infty.$$

从而由定理 20，有

定理 23[11]　对任意具有二阶连续导数的、以 2π 为周期的函数 $f(x)$，当 $n\to\infty$ 时有

$$V_n[f(t);x]-f(x)\sim\frac{k}{n}\cdot\Delta f,$$

其中 Δ 为 Laplace 算子 $\Delta=\frac{\partial^2}{\partial x_1^2}+\cdots+\frac{\partial^2}{\partial x_k^2}$.

利用一般性渐近阶的逼近公式，我们还可以得到各种多元 Landau 多项式的渐近估计式. 为节省篇幅，此处从略.

§ 3. 无界函数的逼近

在无穷区间上，无界函数的逼近问题，是古典 Weierstrass 逼近定理所未能解决的问题.

早在本世纪二十年代 С. Н. Бернштейн 就着手研究这个问题. 他指出，在全实轴上如果

$$\lim_{|x|\to\infty}|f(x)|\cdot e^{-|x|}=0,$$

则对任意给定的 $\varepsilon>0$，可以找到多项式 $p(x)$，使得

$$e^{-|x|}\cdot|f(x)-p(x)|<\varepsilon,\quad -\infty<x<\infty.$$

作为上述结果在二维情况下的推广，Л. А. Люстерник[12] 证明了以下定理:

定理 24　定义

$$f(x,y)=f(r\cos\varphi,r\sin\varphi)=\bar f(r,\varphi),$$

$$M(r,f)=\max_{\varphi}|\bar f(r,\varphi)|\quad(r\text{ 固定}),$$

$$Q_c=\{\bar f(r,\varphi)\,|\lim_{r\to\infty}M(r,f)\cdot e^{-cr}=0\},$$

$$\|f\|=\max_{r,\varphi}|\bar f(r,\varphi)|\cdot e^{-cr},$$

则所有多项式组成的集合在类 Q_c 中处处稠密.

Бернштейн 和 Люстерник 的结果只是给出了类 Q_c 中的函数带权逼近的可能性，并未能建立可行的逼近方法，更何况 Q_c 中函数 f 增长速度的限制也太苛刻了.

本节,我们将主要介绍徐利治与本书作者之一在 Холодовский 原始工作基础上发展起来的、关于无界函数逼近的一类方法——扩展乘数法[14-23].

设 B 为 Banach 空间或其上子空间. B 中元素常以 x, y, t 等表示,相应范数记为 $\|x\|, \|y\|, \|t\|$ 等.

设 $f(x)$ 是一定义在 B 上的泛函数. 又设 $\{L_n[f(t); x]\}$ 是一串变 t 泛函为 x 泛函的线性正算子序列.

引进界限函数 $\Omega(\|x\|)$:

$$\Omega(\|x\|) \geqslant 1, \quad \Omega(\|x\|)\uparrow\infty(\|x\| \to \infty).$$

记 $C(\Omega) = \{f\}$ 为满足下列条件的连续泛函类:

1° 于 B 中的任一有界闭球上 $f(x)$ 有界;

2° 为 $\|x\| \to \infty$ 时, $f(x)$ 恒满足界限条件

$$f(x) = O(\Omega(\|x\|)).$$

徐利治与本书作者之一曾建立了下述一般性原理:

定理 25[15,20] 假定存在扩展乘数序列 $\alpha_n\uparrow\infty$ 使得当 $n \to \infty$ 时,

$$\begin{aligned}&(\text{i})\ L_n[1; \alpha_n^{-1}x] \to 1,\\&(\text{ii})\ L_n[\|\alpha_n t - x\|^2\Omega(\|\alpha_n t\|); \alpha_n^{-1}x] \to 0\end{aligned} \tag{1.55}$$

对 B 中任一有界闭球 S 中的元素 x 恒一致成立,则对任何 $f(x) \in C(\Omega)$ 恒有

$$\lim_{n\to\infty} L_n[f(\alpha_n t); \alpha_n^{-1}x] = f(x), \quad x \in \mathbf{E}. \tag{1.56}$$

并且 (1.56) 式在 B 的有穷维子空间 B* 中任一有界子集上都一致成立.

证明 不失一般性, 可于 B 中取任意有界闭球 $S(\|x\| \leqslant A)$ 来考虑.

设 $x \in S$, 则对任给 $\varepsilon > 0$, 由泛函的连续性,可知存在 $\delta = \delta_\varepsilon > 0$, 使得当 $\|\alpha_n t - x\| < \delta$ (即 $\|t - \alpha_n^{-1}x\| < \alpha_n^{-1}\delta$) 时, 恒有

$$|f(\alpha_n t) - f(x)| < \varepsilon. \tag{1.57}$$

由泛函数 $C(\Omega)$ 的定义可知对任意 $x\in\mathbf{B}$ 都有

$$|f(x)|\leqslant M\Omega(\|x\|),$$

其中M为不依赖于个别 x 的正常数. 对一切元素 $t\in\mathbf{B}$ 及 $x\in S$, 易知

$$\begin{aligned}|f(\alpha_n t)-f(x)|&<\varepsilon+\delta^{-2}\cdot\|\alpha_n t-x\|^2\\&\quad\cdot[|f(\alpha_n t)|+|f(x)|]\\&\leqslant\varepsilon+\delta^{-2}\cdot\|\alpha_n t-x\|^2\cdot M\cdot[\Omega(\|\alpha_n t\|)+\Omega(A)]\\&=\varepsilon+\delta^{-2}\|\alpha_n t-x\|^2\cdot\Omega(\|\alpha_n t\|)\cdot M\\&\quad+\delta^{-2}\cdot\|\alpha_n t-x\|^2\cdot M\cdot\Omega(A).\end{aligned}$$

因为 L_n 是线性正算子,故由条件 (1.55),

$$\begin{aligned}&|L_n[f(\alpha_n t)-f(x);\alpha_n^{-1}x]|\\&\leqslant L_n[\varepsilon+\delta^{-2}\cdot M\cdot\|\alpha_n t-x\|^2\cdot\Omega(\|\alpha_n t\|)\\&\quad+\delta^{-2}\cdot M\cdot\Omega(A)\cdot\|\alpha_n t-x\|^2;\alpha_n^{-1}x]\\&=\varepsilon L_n[1;\alpha_n^{-1}x]+\delta^{-2}\cdot M\cdot L_n[\|\alpha_n t\\&\quad-x\|^2\cdot\Omega(\|\alpha_n t\|);\alpha_n^{-1}x]+\delta^{-2}\cdot M\cdot\Omega(A)\\&\quad\cdot L_n[\|\alpha_n t-x\|^2;\alpha_n^{-1}x]<\varepsilon[1+o(1)]\\&\quad+\delta^{-2}\cdot M\cdot o(1)+\delta^{-2}\cdot M\cdot\Omega(A)\cdot o(1),\quad n\to\infty.\end{aligned}$$

因此存在 $\varepsilon_n\downarrow 0\ (n\to\infty)$, 使得

$$|L_n[f(\alpha_n t);\alpha_n^{-1}x]-f(x)\cdot L_n[1;\alpha_n^{-1}x]|<\varepsilon+\varepsilon_n.$$

又因 $|f(x)|\leqslant M^*(x\in S)$, 再由 (1.55) 的 (i),又有 $\varepsilon_n^*\to 0(n\to\infty)$, 使得

$$|L_n[f(\alpha_n t);\alpha_n^{-1}x]-f(x)|<\varepsilon+\varepsilon_n+\varepsilon_n^*.\tag{1.58}$$

于是由 ε 的任意性及 $\varepsilon_n+\varepsilon_n^*\to 0$ 的事实,使得到

$$\lim_{n\to\infty}L_n[f(\alpha_n t);\alpha_n^{-1}x]=f(x),\quad x\in S.$$

下面要说明上述极限关系式对有穷维子空间 $\mathbf{B}^*$ 中的有界闭球 S 内一切元素为一致成立. 事实上,此时 S 是一个紧致闭集,因此由 Heine-Borel 定理, 于 S 的任一组覆盖中都可以选取有限多个来盖遍 S. 这样就可以仿古典分析学中的论证方法去验证连续泛函 $f(x)$ 于 S 上的一致连续性. 亦即存在不依赖于个别 $x\in S$

的 $\delta > 0$，使得只要 $\|\alpha_n t - x\| < \delta$，(1.57) 式便对 S 中的一切 x 皆成立。

因此再根据(1.55)在任一闭球上一致成立的假设，便知(1.58)式对 S 内的一切 x 为一致成立。证毕。

引进泛函数

$$\Lambda_\beta(\alpha_n t) = \begin{cases} 0, & \text{当 } \|t - \alpha_n^{-1}x\| \leqslant \beta, \\ \Omega(\|\alpha_n t\|), & \text{当 } \|t - \alpha_n^{-1}x\| > \beta. \end{cases}$$

定理 26[15] 设有两个数列 $\alpha_n \uparrow \infty$ 及 $\beta_n \downarrow 0$ 而且 $\alpha_n\beta_n \to 0$ $(n \to \infty)$. 又设当 $n \to \infty$ 时，有

$$\begin{aligned} &\text{(i)}\ L_n[1; \alpha_n^{-1}x] \to 1; \\ &\text{(ii)}\ L_n[\Lambda_{\beta_n}(\alpha_n t); \alpha_n^{-1}x] \to 0. \end{aligned} \tag{1.59}$$

则对任意 $f(x) \in C(\Omega)$，均有

$$\lim_{n\to\infty} L_n[f(\alpha_n t); \alpha_n^{-1}x] = f(x), \quad x \in \mathbf{B}.$$

又若极限关系式 (1.59) 在任何有界闭球 S 上都一致成立，则上述极限等式便在任何有穷维子空间 $\mathbb{B}^*$ 的任一有界子集上一致地成立。

证明 对于每一对固定的 α_n 与 β_n，可将一个泛函数 $\varphi(t)$ 作如下分解：

$$\varphi(t) = \varphi_1(t) + \varphi_2(t),$$

其中

$$\varphi_1(t) = \begin{cases} \varphi(t), & \text{当 } \|t - \alpha_n^{-1}x\| \leqslant \beta_n, \\ 0, & \text{当 } \|t - \alpha_n^{-1}x\| > \beta_n; \end{cases} \tag{1.60}$$

$$\varphi_2(t) = \begin{cases} 0, & \text{当 } \|t - \alpha_n^{-1}x\| \leqslant \beta_n, \\ \varphi(t), & \text{当 } \|t - \alpha_n^{-1}x\| > \beta_n. \end{cases}$$

相应地可将算子 L_n 分解成 $L_n = L'_n + L''_n$，此处

$$L'_n[\varphi(t); \alpha_n^{-1}x] = L_n[\varphi_1(t); \alpha_n^{-1}x],$$
$$L''_n[\varphi(t); \alpha_n^{-1}x] = L_n[\varphi_2(t); \alpha_n^{-1}x].$$

设 $S(\|x\| \leqslant A)$ 为 $\mathbf{B}$ 中的任一有界闭球。根据定理所给条件可知，对任意 $x \in S$，我们有

$$\begin{aligned}&L_n[f(\alpha_n t);\alpha_n^{-1}x]-f(x)\\&=L_n[f(\alpha_n t)-f(x);\alpha_n^{-1}x]+o(1)\\&=L_n'[f(\alpha_n t)-f(x);\alpha_n^{-1}x]\\&\quad+L_n''[f(\alpha_n t)-f(x);\alpha_n^{-1}x]+o(1).\end{aligned}$$

于是存在 $\varepsilon_n\downarrow 0$, $\varepsilon_n^*\downarrow 0$ $(n\to\infty)$ 以及充分大的正常数M及M^*,使得

$$\begin{aligned}&|L_n[f(\alpha_n t);\alpha_n^{-1}x]-f(x)|\\&\leqslant L_n'[|f(\alpha_n t)-f(x)|;\alpha_n^{-1}x]\\&\quad+L_n''[M(\Omega(\|\alpha_n t\|)+\Omega(\|x\|));\alpha_n^{-1}x]+\varepsilon_n\\&\leqslant L_n'[|f(\alpha_n t)-f(x)|;\alpha_n^{-1}x]\\&\quad+L_n''[M^*\cdot\Omega(\|\alpha_n t\|);\alpha_n^{-1}x]+\varepsilon_n\\&\leqslant\max_{\|t-\alpha_n^{-1}x\|\leqslant\beta_n}|f(\alpha_n t)-f(x)|\cdot L_n[1;\alpha_n^{-1}x]\\&\quad+M^*\cdot L_n[\Lambda_{\beta_n}(\alpha_n t);\alpha_n^{-1}x]+\varepsilon_n\\&\leqslant\max_{\|\alpha_n t-x\|\leqslant\alpha_n\beta_n}|f(\alpha_n t)+f(x)|\\&\quad\cdot L_n[1;\alpha_n^{-1}x]+\varepsilon_n^*+\varepsilon_n.\end{aligned}$$

再根据泛函数 $f(x)$ 的连续性并注意到 $\alpha_n\beta_n\to 0$ $(n\to\infty)$ 的假设,便立即可得

$$\lim_{n\to\infty}L_n[f(\alpha_n t);\alpha_n^{-1}x]=f(x),\quad x\in S.$$

又由于S的任意性,可知定理结论成立.

至于上述极限关系式在有穷维空间 B^* 的有界闭球 S 上一致成立的那个断言,其理由与定理 25 证明的末段相同.

定理 25 与定理 26 是两条十分一般的原则性定理. 当将它们应用于各种具体多项式算子逼近问题时,最关键的是根据所给的多项式算子 $L_n[f(t);x]$ 所固有的特点去选择扩展乘数 $\alpha_n\uparrow\infty$ $(n\to\infty)$,以便使得定理中的条件被满足.

我们可以应用定理 25 和定理 26 于 k 维欧氏空间中的乘积型 Бернштейн 多项式和 Landau 多项式,而建立相应的逼近定理.这里,我们有兴趣来研究在文献 [16] 中徐利治与作者之一曾经引入

的 Landau 算子非乘积型推广. 为简便计，令 $t\equiv(t_1,\cdots,t_k)$, $x\equiv(x_1,\cdots x_k)$ 表 k 维欧氏空间 $\mathbb{R}^k$ 中的点向量，并简记 $\|t\|=\sqrt{t_1^2+\cdots+t_k^2}$, $\alpha_n t\equiv(\alpha_n t_1,\cdots,\alpha_n t_k)$, $dt\equiv dt_1\cdots dt_k$. 又令 $\nu\equiv(\nu_1,\cdots,\nu_k)$ 为以整数为分量的点向量; S 表球形区域 S $(\|t\|\leqslant 1)$, T 为方形区域 $T\,(-1\leqslant t_1\leqslant 1,\cdots,-1\leqslant t_k\leqslant 1)$.

对于 $\mathbb{R}^k$ 上的连续函数 $f(x)$，文献 [16] 中构造了如下四种多项式算子(其中 $\alpha_n\uparrow\infty\,(n\to\infty)$):

$$
\begin{aligned}
L_n^{(1)}[f(\alpha_n t);\alpha_n^{-1}x] &= \left(\frac{n}{\pi}\right)^{k/2}\int_S f(\alpha_n t)[1-\|t-\alpha_n^{-1}x\|^2]^n\,dt,\\
L_n^{(2)}[f(\alpha_n t);\alpha_n^{-1}x] &= \left(\frac{1}{\pi n^{2s-1}}\right)^{k/2}\sum_{\|\nu\|\leqslant n^s} f\left(\frac{\alpha_n}{n^s}\nu\right)\\
&\quad\cdot\left[1-\left\|\frac{\nu}{n^s}-\frac{x}{\alpha_n}\right\|^2\right]^n,\\
L_n^{(3)}[f(\alpha_n t);\alpha_n^{-1}x] &= \left(\frac{n}{k\pi}\right)^{k/2}\int_T f(\alpha_n t)\\
&\quad\cdot\left[1-\frac{1}{k}\|t-\alpha_n^{-1}x\|^2\right]^n dt,\qquad (1.61)\\
L_n^{(4)}[f(\alpha_n t);\alpha_n^{-1}x] &= \left(\frac{1}{k\pi n^{2s-1}}\right)^{k/2}\sum_{|\nu_i|\leqslant n^s} f\left(\frac{\alpha_n}{n^s}\nu\right)\\
&\quad\cdot\left[1-\frac{1}{k}\left\|\frac{\nu}{n^s}-\frac{x}{\alpha_n}\right\|^2\right]^n,
\end{aligned}
$$

其中 $L_n^{(2)}[f(\alpha_n t);\alpha_n^{-1}x]$ 算子表达式的和号下的不等式 $\|\nu\|=\sqrt{\nu_1^2+\cdots+\nu_k^2}\leqslant n^s$ 表示“球形求和法”的条件.而 $L_n^{(4)}[f(\alpha_n t);\alpha_n^{-1}x]$ 算子表达式的和号下的不等式 $|\nu_i|\leqslant n^s$ $(i=1,\cdots,k)$ 则表示“短形求和法”，此处 $s\geqslant 1$.

显然 $L_n^{(i)}[f(\alpha_n t);\alpha_n^{-1}x]$ $(i=1,2,3,4)$ 都是关于 $x_1,x_2,\cdots,x_k$ 的 $2n$ 次代数多项式. 可是乘积型 k 元 Landau 多项式的次数却是 $2kn$.

在文献 [16] 中曾经给出了上述四个算子的收敛性定理和逼近阶的渐近估计式.

设 $T(\|x\|)\uparrow\infty(\|x\|\to\infty)$. 关于收敛性，我们证明了下面的定理。

定理 27[16] 设 $\alpha_n\uparrow\infty$, $\beta_n\downarrow 0(n\to\infty)$，且当 $n\to\infty$ 时有如下的条件成立:

$$
\begin{aligned}
&1^\circ \quad \alpha_n\beta_n\to 0, \ n\beta_n^4\to 0;\\
&2^\circ \quad n^{k/2}\cdot\exp\{T(\alpha_n)-n\beta_n^2\}\to 0,
\end{aligned}
\tag{1.62}
$$

则对任意 $f(x)\in C(\exp T(\|x\|))$，均有

$$
\lim_{n\to\infty}L_n^{(i)}[f(\alpha_n t);\alpha_n^{-1}x]=f(x),\quad x\in\mathrm{R}^k,\quad i=1,2. \tag{1.63}
$$

并且上述极限关系式在 R^k 的任意有界点集上一致地成立.

定理 28[16] 设 $\alpha_n\uparrow\infty$, $\beta_n\downarrow 0(n\to\infty)$，且当 $n\to\infty$ 时有如下的条件成立:

$$
\begin{aligned}
&1^\circ \quad \alpha_n\beta_n\to 0,\quad n\beta_n^4\to 0;\\
&2^\circ \quad n^{k/2}\cdot\exp\{T(\sqrt{k}\,\alpha_n)-n\beta_n^2\}\to 0,
\end{aligned}
\tag{1.64}
$$

则对任意 $f(x)\in C(\exp T(\|x\|))$，均有

$$
\lim_{n\to\infty}L_n^{(i)}[f(\alpha_n t);\alpha_n^{-1}x]=f(x),\ x\in\mathrm{R}^k,\quad i=3,4. \tag{1.65}
$$

并且上述极限关系式在 R^k 的任意有界点集上一致地成立.

由于这两个定理的证明完全类似，这里我们只证明定理 27，而且我们只就 $L_n^{(1)}$（即 $i=1$ 的情况）来证的. 至于 $L_n^{(2)}$ 的情况，只需多次应用 Laplace 极限定理，就可以看出其证明过程与 $L_n^{(1)}$ 的证明雷同了.

将 $L_n^{(1)}[1;\alpha_n^{-1}x]$ 分成如下的两部分

$$
\begin{aligned}
L_n^{(1)}[1;\alpha_n^{-1}x]&=\left(\frac{n}{\pi}\right)^{k/2}\left[\int_{v_1}+\int_{v_2}\right]\\
&=L_n'[1;\alpha_n^{-1}x]+L_n''[1;\alpha_n^{-1}x],
\end{aligned}
$$

其中 $v_1=\{t\in S;\|t-\alpha_n^{-1}x\|\leqslant\beta_n\}$, $v_2=S-v_1$. 注意到

$$
(1-\beta_n^2)^{-\beta_n^2}\uparrow e^{-1},\quad n\to\infty
$$

的事实，可知对任意 $t\in v_2$，有

$$
|[1-\|t-\alpha_n^{-1}x\|^2]^n|\leqslant(1-\beta_n^2)^n\leqslant e^{-n}\beta_n^2. \tag{1.66}
$$

由条件 2° 可知存在常数 $A>0$，使得

$$|L_n''[1;\alpha_n^{-1}x]| \leqslant A\cdot n^{k/2}\cdot \exp\{-n\beta_n^2\} = o(1). \tag{1.67}$$

另一方面，对任意 $t\in v_1$，有

$$[1-\|t-\alpha_n^{-1}x\|^2]^n = \exp\{-n\|t-\alpha_n^{-1}x\|^2\} \cdot (1+O(n\beta_n^4)). \tag{1.68}$$

由多重积分的渐近公式（见文献 [9]，p.79）易得

$$L_n'[1;\alpha_n^{-1}x] = (1+o(1))(1+O(n\beta_n^4)) = 1+o(1),\quad n\to\infty. \tag{1.69}$$

从而 $L_n^{(1)}[1;\alpha_n^{-1}x]\to 1$，并且它所表示的收敛性对于 $\mathbf{R}^k$ 中任一有界点集 S^* 还是一致的。

完全类似地，只需通过一些简单的计算，即可验证在 S^* 上一致地有

$$L_n^{(1)}[\Lambda_{\beta_n}(\alpha_n t);\alpha_n^{-1}x] \leqslant A\cdot \exp\{T(\alpha_n)-n\beta_n^2\}\cdot n^{k/2} = o(1). \tag{1.70}$$

再根据定理 26，即推知定理 27 成立。

在文献 [23] 中，作者之一曾经指出了采用扩展乘数法逼近任意无界连续函数的可能性。设 $f(x)$ 是 $\mathbf{R}^k$ 中的任意无界函数，根据熟知的 Du Bois Reymond 定理（见文献 [24]，p. 179），存在函数 $\Omega(\|x\|)$，使得

$$\Omega(\|x\|)\uparrow\infty,\quad f(x)\prec\Omega(\|x\|),\quad \exp\|x\|\prec\Omega(\|x\|), \tag{1.71}$$

其中 $a(x)\prec b(x)$ 意指 $a(x)/b(x)\to 0\ (x\to\infty)$。将这样的单调函数 $\Omega(\|x\|)$，称之为与 $f(x)$ 相匹配的界限函数。记 $\Omega^{-1}(\cdot)$ 为 $\Omega(\cdot)$ 的反函数，则称

$$\alpha_n^* = \Omega^{-1}(\ln n) \tag{1.72}$$

为与 $f(x)$ 相匹配的扩展乘数。

定理 29[23]　对于任何 $f(x)\in C(\mathbf{R}^k)$，都有

$$\lim_{n\to\infty} L_n^{(i)}[f(\alpha_n^* t);(\alpha_n^*)^{-1}x] = f(x),\quad x\in\mathbf{R}^k. \tag{1.73}$$

并且极限关系式 (1.73) 于 $\mathbf{R}^k$ 的任一有界点集上一致地成立。

事实上，只需根据 (1.71)，(1.72) 去验明定理 27 和定理 28 的

条件逐一被满足就可以了．今取

$$\beta_n = n^{-1/2+\varepsilon}, \quad 0 < \varepsilon < 1/4. \tag{1.74}$$

由 (1.71) 式，$\Omega^{-1}(y) \prec \ln y$，所以当 $n \to \infty$ 时

$$\alpha_n^* \beta_n = \Omega^{-1}(\ln n) \cdot n^{-1/2+\varepsilon} = o(\ln \ln n \cdot n^{-1/2+\varepsilon}) = o(1)$$

$$n\beta_n^4 = n \cdot n^{-2+4\varepsilon} = n^{-1+4\varepsilon} = o(1).$$

另一方面，因为 $f(x) \in C(\Omega)$，所以 (1.62) 的 2° 成立：

$$n^{k/2} \cdot \Omega(\alpha_n^*) \cdot \exp\{-n\beta_n^2\} = n^{k/2} \cdot \ln n \cdot e^{-n\beta_n^2}$$
$$= n^{k/2} \cdot \ln n \cdot e^{-n^{2\varepsilon}} = o(1).$$

同理 (1.64) 的 2° 也满足．于是按定理 27 和定理 28，即知定理 29 成立．

定理 29 指出了，只需适当地选择扩展乘数，则一般无界连续函数都可用变形了的 Landau 多项式 $L_n^{(i)}[f(\alpha_n t); \alpha_n^{-1} x]$ 来逼近．而且这种逼近并不受 $f(x)$ 的增长阶所局限．这表明扩展乘数法是一种逼近无界连续函数的有效方法．

完全类似地，对于 k 元非乘积型 Бернштейн 多项式(见文献[19])

$$B_n[f(\alpha_n t); \alpha_n^{-1} x] = \sum_{0 \leqslant \nu_1 + \cdots + \nu_k \leqslant n} f\left[\left(\frac{2\nu_1}{n} - \frac{1}{2}\right)\alpha_n, \cdots, \left(\frac{2\nu_k}{n} - \frac{1}{2}\right)\alpha_n\right] \cdot p_{\nu_1, \cdots, \nu_k; n}(x_1, \cdots, x_k), \tag{1.75}$$

其中

$$p_{\nu_1, \cdots, \nu_k; n}(x_1, \cdots, x_k) = \binom{n}{\nu_1, \cdots, \nu_k} \cdot \left(\frac{1}{2} + \alpha_n^{-1} x_1\right)^{\nu_1} \cdots \left(\frac{1}{2} + \alpha_n^{-1} x_k\right)^{\nu_k} \cdot (1 - \alpha_n^{-1} x_1 - \cdots - \alpha_n^{-1} x_k)^{n - \nu_1 - \cdots - \nu_k} \Big/ 2^n,$$

$$\binom{n}{\nu_1, \cdots, \nu_k} = \frac{n!}{\nu_1! \cdots \nu_k! (n - \nu_1 - \cdots - \nu_k)!}.$$

我们也可建立相应的逼近定理:

定理 30[23] 对于任何 $f(x)\in C(\mathrm{R}^k)$，在 $\mathbf{R}^k$ 的任一有界点集上一致地有

$$\lim_{n\to\infty} B_n[f(\alpha_n^* t);(\alpha_n^*)^{-1}x]=f(x), \qquad (1.76)$$

其中 α_n^* 由 (1.72)式给出。

对于 Hermite-Fejer 插值多项式算子以及其它许多显明多项式算子，都可以建立完全类似的结果。

所有这些结果都可以看作是 Weierstrass 逼近定理对于全空间、任意连续函数情况的推广。

在文献 [11] 中，还给出了逼近阶的渐近公式。设 S 为 $\mathbf{R}^k$ 中的某有界闭球。我们有

定理 31[11] 设线性正算子 $L_n[f(\alpha_n t);\alpha_n^{-1}x]$ 满足条件。

$$L_n[1;\alpha_n^{-1}x]=1+o[\alpha_n^2/\varphi_2(n)],$$

$$L_n[t_i-\alpha_n^{-1}x_i;\alpha_n^{-1}x]=\frac{\xi_i(\alpha_n^{-1}x)}{\varphi_1(n)}+o\left[\frac{1}{\varphi_1(n)}\right], i,j=1,\cdots,k, \qquad (1.77)$$

$$L_n[(t_i-\alpha_n^{-1}x_i)(t_j-\alpha_n^{-1}x_j);\alpha_n^{-1}x]=\frac{\eta_{ij}(\alpha_n^{-1}x)}{\varphi_2(n)}+o\left[\frac{1}{\varphi_2(n)}\right],$$

其中 $\xi_i(\alpha_n^{-1}x)$, $\eta_{ij}(\alpha_n^{-1}x)(\eta_{ij}=\eta_{ji})$ 均为 S 上的连续函数，$\alpha_n^2/\varphi_2(n)\to 0$，$\varphi_j(n)\to\infty(n\to\infty;j=1,2)$.

若 $1/\varphi_1(n)=o[\alpha_n/\varphi_2(n)]$，$\alpha_n\beta_n\to 0(n\to\infty)$，且

$$L_n[\Lambda_{\beta_n}(\alpha_n t);\alpha_n^{-1}x]=o[1/\varphi_2(n)], \qquad (1.78)$$

则对任何 $f(x)\in C^2(\mathrm{R}^k)$，$f(x)=O(\Omega(\|x\|))(\|x\|\to\infty)$，均有

$$\delta_n=L_n[f(\alpha_n t);\alpha_n^{-1}x]-f(x)$$

$$\sim\frac{\alpha_n^2}{\partial\varphi_2(n)}\sum_{i,j=1}^{k}\eta_{ij}(\alpha_n^{-1}x)\frac{\partial^2 f}{\partial x_i\partial x_j},\quad n\to\infty. \qquad (1.79)$$

证明 由条件 (1.77)

$$\delta_n=L_n[f(\alpha_n t)-f(x);\alpha_n^{-1}x]+o[1/\varphi_2(n)]$$

$$=\underset{\|t-\alpha_n^{-1}x\|<\beta_n}{L_n}[f(\alpha_n t)-f(x);\alpha_n^{-1}x]$$

$$+\underset{\|t-\alpha_n^{-1}x\|>\beta_n}{L_n}[f(\alpha_n t)-f(x);\alpha_n^{-1}x]+o[1/\varphi_2(n)]$$

$$=L_n'+L_n''+o[1/\varphi_2(n)].$$

由所设条件，存在常数 A，使得

$$|L_n''|\leqslant A\cdot L_n[\Lambda_{\beta_n}(\alpha_n t);\alpha_n^{-1}x]=o[1/\varphi_2(n)].$$

对 L_n' 中函数 $f(\alpha_n t)-f(x)$ 作 Taylor 展开，得

$$L_n'=L_n'\left[\sum_{i=1}^{k}(\alpha_n t_i-x_i)\frac{\partial f}{\partial x_i};\alpha_n^{-1}x\right]$$

$$+\frac{1}{2}L_n'\left[\sum_{i,j=1}^{k}(\alpha_n t_i-x_i)(\alpha_n t_j-x_j)\frac{\partial^2 f(\tilde{x})}{\partial x_i\partial x_j};\alpha_n^{-1}x\right],$$

其中 $\|\tilde{x}-x\|\leqslant\beta_n\alpha_n$，$\tilde{x}\sim x(n\to\infty)$. 显然

$$L_n'\left[\sum_{i=1}^{k}(\alpha_n t_i-x_i)\frac{\partial f}{\partial x_i};\alpha_n^{-1}x\right]$$

$$=\sum_{i=1}^{k}\frac{\partial f}{\partial x_i}L_n'[\alpha_n t_i-x_i;\alpha_n^{-1}x]$$

$$=\sum_{i=1}^{k}\frac{\partial f}{\partial x_i}\{L_n[\alpha_n t_i-x_i;\alpha_n^{-1}x]-L_n''[\alpha_n t_i-x_i;\alpha_n^{-1}x]\}$$

$$=\sum_{i=1}^{k}\frac{\partial f}{\partial x_i}\cdot\frac{\alpha_n\xi_i(\alpha_n^{-1}x)}{\varphi_1(n)}+o\left[\frac{\alpha_n^2}{\varphi_2(n)}\right].\tag{1.80}$$

同样，

$$L_n'\left[\sum_{i,j=1}^{k}(\alpha_n t_i-x_i)(\alpha_n t_j-x_j)\frac{\partial^2 f(\tilde{x})}{\partial x_i\partial x_j};\alpha_n^{-1}x\right]$$

$$=\sum_{i,j=1}^{k}\frac{\alpha_n^2\eta_{ij}(\alpha_n^{-1}x)}{\varphi_2(n)}\cdot\frac{\partial^2 f(\tilde{x})}{\partial x_i\partial x_j}+o\left[\frac{\alpha_n^2}{\varphi_2(n)}\right].\tag{1.81}$$

综合 (1.80) 和 (1.81)，并注意到 $1/\varphi_1(n)=o[\alpha_n/\varphi_2(n)]$，$\tilde{x}\sim x$ $(n\to\infty)$ 的事实，可知

$$\delta_n\sim\frac{\alpha_n^2}{2\varphi_2(n)}\cdot\sum_{i,j=1}^{k}\eta_{ij}(\alpha_n^{-1}x)\frac{\partial^2 f}{\partial x_i\partial x_j},\quad n\to\infty.$$

证毕.

与定理 31 完全类似地，有下列两定理成立:

定理 32[11] 设线性正算子 $L_n[f(\alpha_n t);\alpha_n^{-1}x]$ 满足条件 (1.77)．并且若 $\alpha_n\beta_n\to 0$，$\alpha_n/\varphi_1(n)\to 0$，$\alpha_n/\phi_2(n)=o[1/\varphi_1(n)]$$(n\to\infty)$，而

$$L_n[\Lambda_{\beta_n}(\alpha_n t);\alpha_n^{-1}x]=o[1/\varphi_1(n)],$$

则对任意 $f(x)\in C^2(R^k)$，$f(x)=O(\Omega(\|x\|))$ $(\|x\|\to\infty)$，均有

$$\delta_n\sim\frac{\alpha_n}{\varphi_1(n)}\sum_{i=1}^{k}\xi_i(\alpha_n^{-1}x)\frac{\partial f}{\partial x_i},\quad n\to\infty.$$

定理 33[11] 设线性正算子 $L_n[f(\alpha_n t);\alpha_n^{-1}x]$ 满足条件

$$L_n[1;\alpha_n^{-1}x]=1+o[\alpha_n^2/\varphi(n)],$$

$$L_n[t_i-\alpha_n^{-1}x_i;\alpha_n^{-1}x]=\frac{\xi_i(\alpha_n^{-1}x)}{\varphi(n)}+o\left[\frac{1}{\varphi(n)}\right],\quad i,j=1,\cdots,k,\tag{1.82}$$

$$L_n[(t_i-\alpha_n^{-1}x_i)(t_j-\alpha_n^{-1}x_j);\alpha_n^{-1}x]=\frac{\eta_{ij}(\alpha_n^{-1}x)}{\varphi(n)}+o\left[\frac{1}{\varphi(n)}\right],$$

其中 $\alpha_n^2/\varphi(n)\to 0$，$\varphi(n)\to\infty(n\to\infty)$．若 $\alpha_n\beta_n\to 0(n\to\infty)$，且

$$L_n[\Lambda_{\beta_n}(\alpha_n t);\alpha_n^{-1}x]=o[1/\varphi(n)],$$

则对任何 $f(x)\in C^2(R^k)$，$f(x)=O(\Omega(\|x\|))(\|x\|\to\infty)$，均有

$$\delta_n\sim\frac{\alpha_n^2}{2\varphi(n)}\sum_{i,j=1}^{k}\eta_{ij}(\alpha_n^{-1}x)\cdot\frac{\partial^2 f}{\partial x_i\partial x_j},\quad n\to\infty.$$

对于由 (1.61) 所给出的多元 Landau 算子 $L_n^{(1)}[f(\alpha_n t);\alpha_n^{-1}x]$ 来说，因为

$$L_n^{(1)}[1;\alpha_n^{-1}x]=1+O(1/n),$$

$$L_n^{(1)}[t_i-\alpha_n^{-1}x_i;\alpha_n^{-1}x]=o(1/n)\tag{1.83}$$

$$L_n^{(1)}[(t_i-\alpha_n^{-1}x_i)(t_j-\alpha_n^{-1}x_j);\alpha_n^{-1}x]=\frac{\Delta_{ij}}{2n}+o\left[\frac{1}{n}\right],$$

其中 Δ_{ij} 是Kronecker 符号．从而对任意给定的二次连续可微函数 $f(x)\in C^2(R^k)$，只需取与之相匹配的扩展乘数 α_n^*，就有

$$\delta_n=L_n^{(1)}[f(\alpha_n^* t);(\alpha_n^*)^{-1}x]-f(x)\sim\frac{(\alpha_n^*)^2}{4n}\Delta f,\quad n\to\infty,\tag{1.84}$$

其中 Δf 为

$$\Delta f=\sum_{i=1}^{k}\frac{\partial^2 f}{\partial x_i^2}.$$

§4. 拟局部正线性算子逼近

设 $\mathbf{B}$ 为 Banach 空间或其子空间. $\mathbf{B}$ 的元素记为 $t, x, y, \cdots$; 它们的模分别记为 $\|t\|, \|x\|, \|y\|, \cdots$. 又设 $f(x)$ 是定义在 $\mathbf{B}$ 上的实(复)值泛函数. $\{L_n[f(t); x]\}$ 是一个变 t 的泛函数为 x 的泛函数的线性算子序列.

对定义于 $\mathbf{B}$ 上的任一泛函数 $\varphi(t)$,作两个新的泛函数

$$\varphi(t)=\begin{cases}\varphi(t), & \text{当 } \|t-x\|<\delta,\\ 0, & \text{当 } \|t-x\|\geqslant\delta,\end{cases}\qquad \varphi_2(t)=\varphi(t)-\varphi_1(t).$$

相应地,线性算子 L_n 可裂变为

$$L_n=L'_{n,\delta}+L''_{n,\delta},$$

其中 $L'_{n,\delta}$ 和 $L''_{n,\delta}$ 分别定义为

$$L'_{n,\delta}[\varphi(t);x]\equiv L_n[\varphi_1(t);x]$$

和

$$L''_{n,\delta}[\varphi(t),x]=L_n[\varphi_2(t);x].$$

我们说线性算子序列 $\{L_n\}$ 是"拟局部正"线性算子序列, 如果存在数列 $\delta=\delta_n>0$,使得线性算子 L'_{n,δ_n} 是正的. 亦即对一切 $f(t)\geqslant 0$, 恒有

$$L'_{n,\delta_n}[f(t);x]\geqslant 0.$$

拟局部正线性算子的概念是从文献 [18] 中引入的. 它显然是一般线性正算子的推广, 而且确实有许多拟局部正线性算子并不是线性正算子 (见文献 [23]). 比如一般 Lagrange 插值多项式算子,以 Jacobi 多项式 $J_n^{(\alpha,\beta)}(x)$ $(\alpha,\beta>-1)$ 零点为插值节点的 Hermite-Fejér 插值多项式以及 Dirichlet 算子等都是拟局部正线性算子.

我们此处有兴趣考虑拟局部正线性算子在无界函数逼近方面

的应用．关于拟局部正线性算子的扩展乘数法原理可叙述为

定理 34[18]　设数列 $\alpha_n \uparrow \infty$，$\beta_n \downarrow 0$ 且 $\alpha_n\beta_n \to 0(n\to\infty)$．如果当 $n\to\infty$ 时，

$$\begin{aligned}&1^\circ \quad L_n[1;\alpha_n^{-1}x]\to 1;\\&2^\circ \quad \Omega(\alpha_n)\cdot\|L'_{n,\beta_n}\|\to 0.\end{aligned} \tag{1.85}$$

则对任意 $f(x)\in C(\Omega)$，恒有

$$\lim_{n\to\infty} L_n[f(\alpha_n t);\alpha_n^{-1}x]=f(x),\quad x\in \mathbf{B}. \tag{1.86}$$

并且，如果条件 1° 和 2° 在任意有界闭球 S 上皆一致地成立，则 (1.86) 式便在 $\mathbf{B}$ 的任意有穷维子空间 $\mathbb{B}^*$ 的任一有界子集上一致地成立．

证明　于 $\mathbf{B}$ 中任取一有界闭球 $S(\|x\|\leqslant A)$．由假设，不妨取 $\beta_n\leqslant\delta_n$．于是根据定理所给的条件 1°，有

$$\begin{aligned}&L_n[f(\alpha_n t);\alpha_n^{-1}x]-f(x)\\&\quad=L_n[f(\alpha_n t)-f(x);\alpha_n^{-1}x]+o(1)\\&\quad=L'_{n,\beta_n}[f(\alpha_n t)-f(x);\alpha_n^{-1}x]\\&\qquad+L''_{n,\beta_n}[f(\alpha_n t)-f(x);\alpha_n^{-1}x]+o(1).\end{aligned}$$

因为 L_n 是拟局部正线性算子，再根据条件 1° 和 2°，即可推得

$$\begin{aligned}&|L_n[f(\alpha_n t);\alpha_n^{-1}x]-f(x)|\\&\quad\leqslant|L_n[f(\alpha_n t)-f(x);\alpha_n^{-1}x]|+\varepsilon_n\\&\quad\leqslant|L'_{n,\beta_n}[f(\alpha_n t)-f(x);\alpha_n^{-1}x]|\\&\qquad+|L''_{n,\beta_n}[f(\alpha_n t)-f(x);\alpha_n^{-1}x]|+\varepsilon_n\\&\quad\leqslant\max_{\|t-\alpha_n^{-1}x\|<\beta_n}|f(\alpha_n t)-f(x)|\cdot L'_{n,\beta_n}[1;\alpha_n^{-1}x]\\&\qquad+\|L''_{n,\beta_n}[f(\alpha_n t)-f(x);\alpha_n^{-1}x]\|+\varepsilon_n\\&\quad\leqslant 2\cdot\max_{\|\alpha_n t-x\|<\alpha_n\beta_n}|f(\alpha_n t)-f(x)|\\&\qquad+M\cdot\Omega(\alpha_n)\|L''_{n,\beta_n}\|+\varepsilon_n,\end{aligned} \tag{1.87}$$

其中 $\varepsilon_n\downarrow 0(n\to\infty)$，而 M 为某正常数．

根据泛函数 $f(x)$ 的连续性和条件 2°，并注意 $\alpha_n\beta_n\to 0\,(n\to\infty)$，即可最后推得

$$\lim_{n\to\infty} L_n[f(\alpha_n t);\alpha_n^{-1}x] = f(x), \quad x\in \bar{S}. \tag{1.88}$$

为最后完成定理 34 的证明，只需证明极限关系式 (1.87) 对 B 的任意有穷维子空间 B^* 中的有界闭球 S 而言一致地成立即可. 显然 S 是一个紧致闭集，于是根据它所具有的 Heine-Borel 性质便不难推出泛函 $f(x)$ 在 S 上的一致连续性. 于是只要条件 1° 和 2° 在任一闭球上一致地成立，则我们就可由 (1.87) 断言极限关系式 (1.88) 在 S 上一致地成立. 定理证毕.

设 Jacobi 多项式 $J_n^{(\alpha,\beta)}(x)$ $(\alpha, \beta > -1)$ 的 n 个根为

$$-1 < x_1^{(n)} < x_2^{(n)} < \cdots < x_n^{(n)} < 1.$$

作 $2n-1$ 次多项式(关于变元 x_j)

$$\begin{aligned} p_k^{(n)}(x_j) &= \left\{1 - \frac{J_n''(x_k^{(n)})}{J_n'(x_k^{(n)})}(x_j - x_k^{(n)})\right\}\cdot (l_k^{(n)}(x_j))^2 \\ &= v_k^{(n)}(x_j)(l_k^{(n)}(x_j))^2, \end{aligned} \tag{1.89}$$

其中 $J_n(x_j) \equiv J_n^{(\alpha,\beta)}(x_j)$，且

$$l_k^{(n)}(x_j) = \frac{J_n(x_j)}{(x_j - x_k^{(n)})J_n'(x_k^{(n)})}.$$

于是在 k 维正方体

$$\mathscr{D} = \{(x_1, \cdots, x_k) | -1 \leqslant x_1 \leqslant 1, \cdots, -1 \leqslant x_k \leqslant 1\}$$

上的 k 元 Hermite-Fejér 插值多项式为

$$H_n[f(t); x] = \sum_{i_1=1}^{n}\cdots\sum_{i_k=1}^{n} f(x_{i_1}^{(n)}, \cdots, x_{i_k}^{(n)})p_{i_1,\cdots,i_k}^{(n)}(x_1, \cdots, x_k), \tag{1.90}$$

其中

$$p_{i_1,\cdots,i_k}^{(n)}(x_1, \cdots, x_k) \equiv p_{i_1}^{(n)}(x_1)\cdots p_{i_k}^{(n)}(x_k).$$

与文献 [18] 中一样，可以证明 k 维线性算子 $H_n[f; x]$ 是拟局部正线性算子. 并且当 $\alpha=\beta=0$ 或者 $\alpha=\beta=1/2$ 时，$H_n[f; x]$ 是拟局部正线性算子、而不是线性正算子. 利用定理 34 还可仿文献 [18], [23] 而证得下面的定理:

定理 35 设 $f(x)\in C(R^k)$，则在 R^k 上几乎一致地有

$$\lim_{n\to\infty} H_n[f(\alpha_n^* t); (\alpha_n^*)^{-1}x] = f(x), \tag{1.91}$$

其中

$$\alpha_n^* = \Omega^{-1}(\ln n)$$

为与 $f(x)$ 相匹配的扩展乘数。

第二章 多元插值

§1. 多元插值问题的提法

设D是s维欧氏空间$\mathbf{R}^s$中的有界闭区域. $x_1, x_2, \cdots, x_k$是D中k个互不相同的点. $P_1(x), P_2(x), \cdots, P_k(x)$是定义于$D$上的$k$个线性无关的$s$元实值连续函数（通常取为多元多项式）. $f(x)$是定义于D上的s元实值连续函数. 所谓多元插值问题，就是要找出实线性组合式

$$P(x) = c_1P_1(x) + c_2P_2(x) + \cdots + c_kP_k(x), \tag{2.1}$$

使之满足插值条件

$$P(x_i) = f(x_i), \quad i = 1, 2, \cdots, k. \tag{2.2}$$

这样求得的$P(x)$称为函数$f(x)$的广义插值多项式，$f(x)$称为被插函数，而插值逼近的误差

$$r(x) \equiv f(x) - P(x) \tag{2.3}$$

称为插值余项.

今后我们将插值条件(2.2)中所用的点组$\{x_i\}_{i=1}^k$称为插值结点组，而把由$P_1(x), P_2(x), \cdots, P_k(x)$的所有实系数线性组合做成的线性空间$\mathbf{P}$称为插值空间. 若对于任何连续函数$f(x)$，上述插值问题(2.1)—(2.2)的解总是存在而且唯一的，则说该问题为适定插值问题，并称称结点组$\{x_i\}_{i=1}^k$是空间$\mathbf{P}$的适定结点组.

大家知道，多元插值法在多元函数的列表、外形曲面的设计和有限元法中有着广泛的应用. 而其中经常应用的是所谓多元多项式插值，即取上述的$\{P_i\}$为s元的代数多项式的情形. 在本章中我们仅就二元多项式插值问题进行讨论. 其中许多方法和结论都不难推广到变元数更多的多项式插值问题中去.

与一元多项式插值不同，二元(或多元)多项式插值的结点组

是不能任意选的．选得不好就会导致插值问题的不适定，从而就找不到所要求的插值多项式．例如，在平面上任取直线上的三个点做二元一次插值，和取圆内接正六边形的六个顶点做二元二次插值，都将出现插值问题不适定的情形．因此，研究二元多项式插值必须首先解决插值的适定性问题．为了解决这个问题，我们应该从代数曲线论中的 Bezout 定理讲起．

§2. 代数曲线论中的 Bezout 定理

由于我们的需要，下面只在实数域和实平面中来讨论代数曲线的性质．

若 $P(x, y)$ 是一个二元 n 次（非零的）多项式，则把实平面 O_{xy} 上所有满足方程

$$P(x, y) = 0$$

的点所构成的集合称为与 $P(x, y)$ 相对应的 n 次代数曲线，并简称为 n 次代数曲线 $P(x, y)$．若 n 次多项式 $P(x, y)$ 可表为两个次数不低于 1 的实系数多项式之积，则说多项式 $P(x, y)$ 是可约的．否则说 n 次多项式 $P(x, y)$ 是不可约的，并说 n 次代数曲线 $P(x, y)$ 是不可约的．关于代数曲线交点个数的下述 Bezout 定理（见文献 [26]）是著名的：

定理 1 若 m 次代数曲线 $P_1(x, y)$ 与 n 次代数曲线 $P_2(x, y)$ 的交点的个数多于 mn，则一定有次数既不超过 m 也不超过 n 的非零多项式 $Q(x, y)$ 存在，使得

$$P_1(x, y) = Q(x, y)R_1(x, y),$$
$$P_2(x, y) = Q(x, y)R_2(x, y),$$

其中 $R_1(x, y)$, $R_2(x, y)$ 为次数分别小于 m 和 n 的二元实系数多项式．

证明 设 $(x_1, y_1), (x_2, y_2), \cdots, (x_{mn+1}, y_{mn+1})$ 为代数曲线

$$P_1(x, y) = a_0(x) + a_1(x)y + \cdots + a_m(x)y^m = 0$$

和

$$P_2(x, y) = b_0(x) + b_1(x)y + \cdots + b_n(x)y^n = 0$$

的 $mn+1$ 个互不相同的交点．我们不妨假设 $a_m \neq 0$ 和 $b_n \neq 0$，并且 $x_1, x_2, \cdots, x_{mn+1}$ 互不相同(因若不满足这些条件，则可做一坐标变换，使两条代数曲线在新的坐标下的方程满足上述要求，证明上述结论后再做一逆变换即可)．显然系数 $a_i(x)$ 和 $b_i(x)$ 分别是次数不超过 $m-i$ 和 $n-i$ 的一元多项式．我们称 $m+n$ 阶行列式

$$S(x) = \begin{vmatrix} a_0 & a_1 & a_2 & \cdots & a_m & & & \\ & a_0 & a_1 & a_2 & \cdots & a_m & & \\ & & \cdots\cdots & & & & & \\ & & & a_0 & a_1 & a_2 & \cdots & a_m \\ b_0 & b_1 & b_2 & \cdots & b_n & & & \\ & b_0 & b_1 & b_2 & \cdots & b_n & & \\ & & \cdots\cdots & & & & & \\ & & & b_0 & b_1 & b_2 & \cdots & b_n \end{vmatrix} \tag{2.4}$$

为二元多项式 $P_1(x, y)$ 和 $P_2(x, y)$ 关于 y 的结式．该行列式中含 a 的行共有 n 行，含 b 的行共有 m 行．由于它的每个元素都是 x 的多项式，故将它展开后仍是关于变数 x 的一元多项式．其次数可按如下的办法算出：即将含 a 的第 i 行乘以 x^{n-i+1}，将含 b 的第 i 行乘以 x^{m-i+1}，便可看出 $S(x)$ 的次数为

$$(m+n) + (m+n-1) + \cdots + 1 = \frac{1}{2}(m+n)(m+n+1)$$

与

$$\frac{1}{2}n(n+1) + \frac{1}{2}m(m+1)$$

之差，即 mn．

设 $A_1(x), A_2(x), \cdots, A_{m+n}(x)$ 分别是该行列式的第一列元素的代数余子式，并令

$$A(x, y) = A_1(x) + A_2(x)y + \cdots + A_n(x)y^{n-1},$$

$$B(x, y) = A_{n+1}(x) + A_{n+2}(x)y + \cdots + A_{n+m}(x)y^{m-1}.$$

则应有恒等式

$$S(x) \equiv A(x, y)P_1(x, y) + B(x, y)P_2(x, y) \tag{2.5}$$

成立。这是由于将恒等式组

$$\begin{aligned}
P_1 &\equiv a_0 + a_1y + a_2y^2 + \cdots + a_my^m,\\
yP_1 &\equiv \quad a_0y + a_1y^2 + \cdots + a_{m-1}y^m + a_my^{m+1},\\
&\cdots\cdots\cdots\cdots\cdots\cdots\cdots\cdots\\
y^{n-1}P_1 &\equiv \quad a_0y^{n-1} + a_1y^n + \cdots + a_my^{m+n-1},\\
P_2 &\equiv b_0 + b_1y + b_2y^2 + \cdots + b_ny^n,\\
yP_2 &\equiv \quad b_0y + b_1y^2 + \cdots + b_{n-1}y^n + b_ny^{n+1},\\
&\cdots\cdots\cdots\cdots\cdots\cdots\cdots\cdots\\
y^{m-1}P_2 &\equiv \quad b_0y^{m-1} + b_1y^m + \cdots + b_ny^{m+n-1}
\end{aligned}$$

的第 i 式分别乘以 $A_i(x)$，相加后便得 (2.5) 式。

由 (2.5) 式和定理假设知道，$S(x)$ 具有 $mn+1$ 个互不相同的零点 $x_1, x_2, \cdots, x_{mn+1}$。但 $S(x)$ 是次数不超过 mn 的多项式，故必有 $S(x) \equiv 0$。这就是说行列式 (2.4) 的值为零。因此该行列式的各行向量关于由 x 的所有有理分式做成的域是线性相关的。也就是说存在有理分式 $\alpha_1(x), \alpha_2(x), \cdots, \alpha_n(x), \beta_1(x), \cdots, \beta_m(x)$ 不全为零，使得

$$\begin{gathered}
\alpha_1a_0 = \beta_1b_0,\\
\alpha_1a_1 + \alpha_2a_0 = \beta_1b_1 + \beta_2b_0,\\
\alpha_1a_2 + \alpha_2a_1 + \alpha_3a_0 = \beta_1b_2 + \beta_2b_1 + \beta_3b_0,\\
\cdots\cdots\cdots\cdots\cdots\cdots\cdots\cdots,\\
\alpha_na_m = \beta_mb_n.
\end{gathered}$$

由此可知，关于 y 的多项式

$$\begin{gathered}
\varphi = \alpha_1 + \alpha_2y + \cdots + \alpha_ny^{n-1},\\
\psi = \beta_1 + \beta_2y + \cdots + \beta_my^{m-1}
\end{gathered}$$

满足关系式

$$\varphi P_1 \equiv \psi P_2, \tag{2.6}$$

而且 φ 和 ψ 均不恒为零。用 $\alpha_1, \alpha_2, \cdots, \alpha_n, \beta_1, \beta_2, \cdots, \beta_m$ 的公分母 $W(x)$ 乘上式的两端便得

$$W(x)\varphi(x, y)P_1(x, y) \equiv W(x)\phi(x, y)\ P_2(x, y).$$

此时 $W(x)\varphi(x, y)$ 和 $W(x)\phi(x, y)$ 分别是关于 y 次数不超过 $n-1$ 和 $m-1$ 的二元非零多项式. 该恒等式说明 $P_1(x, y)$ 能够整除 $W(x)\phi(x, y)P_2(x, y)$. 但 $P_1(x, y)$ 关于 y 的次数比 $W(x)\phi(x, y)$ 高, 因此必有 $P_1(x, y)$ 的一个质因子(即不可约多项式因子) $Q(x, y)$ 能够整除 $P_2(x, y)$. 即存在次数分别小于 m 和 n 的多项式 $R_1(x, y)$ 和 $R_2(x, y)$ 使得

$$P_1(x, y) = Q(x, y)R_1(x, y),$$

$$P_2(x, y) = Q(x, y)R_2(x, y).$$

证毕.

§3. 二元多项式插值的适定结点组

本节讨论二元多项式插值的适定性问题. 我们首先给出问题的一般提法.

设 $P_1(x, y), P_2(x, y), \cdots, P_k(x, y)$ 是定义在 O_{xy} 平面上的一组线性无关的实系数的二元多项式. **P** 是它们支成的实线性空间. 则 **P** 中元素的一般形式为

$$P(x, y) = c_1P_1(x, y) + c_2P_2(x, y) + \cdots + c_kP_k(x, y). \tag{2.7}$$

设 D 是 O_{xy} 平面上的有界闭区域, $f(x, y)$ 是定义在 D 上的二元连续函数, $q_1, q_2, \cdots, q_k$ 是 D 中互不相同的 k 个点. 所谓二元多项式插值问题,就是要找一个形如(2.7)的多项式 $P(x, y)$, 使其满足插值条件

$$P(q_i) = f(q_i), \quad i = 1, 2, \cdots, k. \tag{2.8}$$

如此的 $P(x, y)$ 称为 $f(x, y)$ 在 **P** 中在结点 $q_1, q_2, \cdots, q_k$ 上的插值多项式. 若对于任何被插函数 $f(x, y)$ 上述插值问题的解都存在而且唯一, 则称 $\{q_i\}_{i=1}^k$ 是空间 **P** 的适定结点组, 并称插值问题 (2.8) 为适定插值问题.

为了叙述方便, 若 $P(x, y) \in \mathbf{P}$ 是一个非零多项式, 则我们

就说代数曲线 $P(x, y)=0$ 是 $\mathbf{P}$ 中的代数曲线.

基本引理 $\{q_i\}_{i=1}^k$ 是 $\mathbf{P}$ 的适定结点组的充要条件是 $\{q_i\}_{i=1}^k$ 不在 $\mathbf{P}$ 中的任何一条代数曲线上.

证明 必要性是显然的,因为如果 $\{q_i\}_{i=1}^k$ 是 $\mathbf{P}$ 的适定结点组(即插值问题(2.8)的解存在而且唯一),则行列式

$$\Delta=\begin{vmatrix} P_1(q_1) & P_2(q_1) & \cdots & P_k(q_1) \\ P_1(q_2) & P_2(q_2) & \cdots & P_k(q_2) \\ \cdots & \cdots & \cdots & \cdots \\ P_1(q_k) & P_2(q_k) & \cdots & P_k(q_k) \end{vmatrix}$$

不为零. 这时若有非零多项式 $P(x, y)\in\mathbf{P}$ 使得点组 $\{q_i\}_{i=1}^k$ 都落在曲线 $P(x, y)=0$ 上, 即

$$P(q_i)=0, \quad i=1, 2, \cdots, k,$$

则由 $\{q_i\}_{i=1}^k$ 的适定性可知, 必有 $P(x, y)\equiv 0$. 这与 $P(x, y)$ 是非零多项式的假设矛盾. 故 $\{q_i\}_{i=1}^k$ 不在 $\mathbf{P}$ 中的任何一条代数曲线上.

为证明充分性, 我们假定 $\{q_i\}_{i=1}^k$ 不是 $\mathbf{P}$ 的适定结点组. 这时行列式 Δ 为零. 而这说明 Δ 的 k 个行向量是线性相关的. 因此存在一组不全为零的实数 $c_1, c_2, \cdots, c_k$ 使得

$$c_1P_1(q_i)+c_2p_2(q_i)+\cdots+c_kP_k(q_i)=0, \quad i=1, 2, \cdots, k.$$

这说明点组 $\{q_i\}_{i=1}^k$ 落在 $\mathbf{P}$ 中的代数曲线

$$P(x, y)=c_1P_1(x, y)+c_2P_2(x, y)+\cdots+c_kP_k(x, y)=0$$

上. 充分性得证.

这个引理的作用是将插值的适定性问题转化为一个几何问题. 这就为代数几何方法的运用打下了基础. 以下我们用 $\mathbf{P}_n$ 表示所有次数不超过 n 的二元多项式所构成的空间. 而用 $\mathbf{P}_{m,n}$ 表示所有关于 x 的次数不超过 m, 关于 y 的次数不超过 n 的二元多项式所构成的空间.

关于 $\mathbf{P}_n$ 的适定结点组有如下定理:

定理 2[34] 若 $\{q_i\}_{i=1}^k$ 是 $\mathbf{P}_n$ 的适定结点组, 它的每个点都不在某条 l 次 $(l=1, 2)$ 不可约代数曲线 $Q(x, y)=0$ 上, 则在该

曲线上任取的 $(n+3)l-1$ 个不同的点与 $\{q_i\}_{i=1}^k$ 一起必定构成 $\mathbf{P}_{n+l}$ 的一个适定结点组.

证明 我们用 $\mathfrak{U}$ 表示在不可约代数曲线 $Q(x,y)=0$ 上所取的 $(n+3)l-1$ 个互不相同的点的集合. $\{q_i\}_{i=1}^k$ 的点数 $k=\frac{1}{2}(n+1)(n+2)$. 用 $\mathscr{B}$ 表示两个集合之并，则 $\mathscr{B}$ 所含点数为 $\frac{1}{2}(n+3)(n+2l)$. 当 $l=1,2$ 时，这恰与 $\mathbf{P}_{n+l}$ 的维数相同. 我们用反证法来证明 $\mathscr{B}$ 是 $\mathbf{P}_{n+l}$ 的适定结点组. 假定 $\mathscr{B}$ 不是 $\mathbf{P}_{n+l}$ 的适定结点组.则由基本引理，必存在非零多项式 $P(x,y)\in\mathbf{P}_{n+l}$ 使得 $\mathscr{B}$ 中点全都在代数曲线 $P(x,y)=0$ 上. 但 $\mathscr{B}$ 的子集 $\mathfrak{U}$ 中的点又都在不可约代数曲线 $Q(x,y)=0$ 上，$\mathfrak{U}$ 中含有 $(n+3)l-1$ 个点，故 l 次不可约代数曲线 $Q(x,y)=0$ 与 $n+l$ 次代数曲线 $P(x,y)=0$ 至少有 $(n+3)l-1>(n+l)l$ 个交点(注意，其中 $l=1,2$). 由 Bezout 定理可知，必有次数小于 $n+l$ 的多项式 $R(x,y)$ 存在，使得

$$P(x,y)=Q(x,y)R(x,y).$$

但 $Q(x,y)$ 是 l 次不可约多项式，$P(x,y)\in\mathbf{P}_{n+l}$，故 $R(x,y)\in\mathbf{P}_n$. 这时我们有

$$R(q_i)=P(q_i)/Q(q_i)=0,\quad i=1,2,\cdots,k.$$

而 $\{q_i\}_{i=1}^k$ 是 $\mathbf{P}_n$ 的适定结点组，故必有 $R(x,y)\equiv0$. 从而 $P(x,y)\equiv0$. 这与假设 $P(x,y)$ 是非零多项式矛盾. 证毕.

由于在平面上任取一点都可做成 $\mathbf{P}_0$ 的适定结点组，所以从这点出发，反复地应用定理 2，我们就可以构造出一系列插值空间 $\mathbf{P}_n$ 的适定结点组. 我们在这里仅给出 $\mathbf{P}_n$ 的两类适定结点组的构造方法.

直线型结点组 $\mathfrak{C}_n$:

第 0 步，在平面上任选一点 q 作为一个结点.

第一步，在平面上做一条直 L_1 不通过 q 点，在其上任选两个互不相同的点作为新增加的结点.

…………………………………………………………

第 n 步，在平面上做一条直线 L_n 不通过前面已选好的点，在其上任选 $n+1$ 个互不相同的点作为新增加的结点。

第 n 步完成时所得到的结点组我们用 $\mathfrak{C}_n$ 来表示，并称它为 n 次直线型结点组。根据定理 2，显然该结点组是 $\mathbf{P}_n$ 的适定结点组。

弧线型结点组 $\mathfrak{D}_{2n}$：

第 0 步，在平面上任选一点 q 作为一个结点。

第一步，在平面上做一条二次不可约曲线 L_1（可以是椭圆、双曲线或抛物线）不通过 q 点，在其上任选五个互不相同的点作为新增加的结点。

…………………………………………………………

第 n 步，在平面上再做一条二次不可约曲线 L_n（可以是椭圆、双曲线或抛物线）不通过前面已选好的点，在其上任选 $4n+1$ 个互不相同的点作为新增加的结点。

当第 n 步完成时所得到的结点组我们用 $\mathfrak{D}_{2n}$ 表示，并称它为 $2n$ 次弧线型结点组。根据定理 2，显然该结点组是 $\mathbf{P}_{2n}$ 的适定结点组。当其中的二次不可约曲线取成是以 q 为心的一些同心圆周时，所得到的结点组称之为 $2n$ 次圆型结点组。

下面我们转而讨论插值空间 $\mathbf{P}_{m,n}$ 的适定结点组。我们有

定理 3[33] 设 $\{q_i\}_{i=1}^{k}$ 是平面 O_{xy} 上的关于插值空间 $\mathbf{P}_{m,n}$ 的适定结点组。若它的每个点都不在竖直线 $x=a$ 上，则在该竖直线上任取的 $n+1$ 个互不相同的点与 $\{q_i\}_{i=1}^{k}$ 一起必定构成 $\mathbf{P}_{m+1,n}$ 的适定结点组。同样地，若 $\{q_i\}_{i=1}^{k}$ 的每个点都不在横直线 $y=b$ 上，则在该横直线上任取的 $m+1$ 个互不相同的点与 $\{q_i\}_{i=1}^{k}$ 一起必定构成 $\mathbf{P}_{m,n+1}$ 的适定结点组。

证明 在此我们只证明定理的前半部分。后半部分的证明是完全类似的。我们用 $\mathfrak{U}$ 表示在竖直线 $x=a$ 上所任取的 $n+1$ 个互不相同点的集合。用 $\mathscr{B}$ 表示 $\mathfrak{U}$ 与 $\{q_i\}_{i=1}^{k}$ 的并集，则 $\mathscr{B}$ 所含点数为 $(m+1)(n+1)+(n+1)=(m+2)(n+1)$。这

恰好等于空间 $\mathbf{P}_{m+1,n}$ 的维数. 下面我们用反证法来证明 $\mathscr{B}$ 是 $\mathbf{P}_{m+1,n}$ 的适定结点组. 假设 $\mathscr{B}$ 不是 $\mathbf{P}_{m+1,n}$ 的适定结点组. 由基本引理知, $\mathscr{B}$ 必然落在 $\mathbf{P}_{m+1,n}$ 中某条代数曲线 $P(x, y)=0$ 上, 其中 $P(x, y) \not\equiv 0$. 由于 $P(a, y)$ 是关于 y 次数不超过 n 的多项式, $\mathfrak{U}$ 中的 $n+1$ 个互不相同的点都是它的零点, 故必有 $P(a, y) \equiv 0$. 而这说明代数曲线 $P(x, y)=0$ 与一次代数曲线 $x-a=0$ 有无穷多个交点. 由 Bezout 定理, 必有次数小于 $m+n+1$ 的多项式 $R(x, y)$ 存在, 使得

$$P(x, y) \equiv (x-a)R(x, y).$$

由于 $P(x, y) \in \mathbf{P}_{m+1,n}$, 故 $R(x, y) \in \mathbf{P}_{m,n}$. 又由于在点组 $\{q_i\}_{i=1}^k$ 上 $P(x, y)$ 取零值, 而 $(x-a)$ 不取零值, 故有

$$R(q_i)=0, \quad i=1, 2, \cdots, k.$$

但 $\{q_i\}_{i=1}^k$ 是 $\mathbf{P}_{m,n}$ 的适定结点组, 故有 $R(x, y) \equiv 0$, 从而 $P(x, y) \equiv 0$. 这与 $P(x, y) \not\equiv 0$ 矛盾. 证毕.

由于在 O_{xy} 平面上任取一点 q 都构成 $\mathbf{P}_{0,0}$ 的适定结点组, 所以从这点出发, 反复应用定理 3, 可以构造出 $\mathbf{P}_{m,n}$ 的各种各样的适定结点组. 我们这里仅给出两类 $\mathbf{P}_{m,n}$ 的适定结点组的构造方法.

竖线型结点组 $\mathfrak{U}_{m,n}$:

在 O_{xy} 平面上任做 $m+1$ 条互不相同的竖直线, 在每条竖直线上任取 $n+1$ 个互不相同的点. 根据定理 3, 所有这些点构成 $\mathbf{P}_{m,n}$ 的适定结点组. 我们称为竖线型结点组 $\mathfrak{U}_{m,n}$.

类似地可构造横线型结点组.

下面我们介绍十字型结点组. 我们把分别与坐标轴 O_x 和 O_y 平行的一对直线称为一个十字. 而称这两条直线为该十字的两个分量.

十字型结点组 $\mathscr{B}_{n,n}$:

第 0 步, 在 O_{xy} 平面上任取一点 q 作为结点.

第一步, 在平面上做一个十字 X_1 不通过已选好的点 q, 在其一个分量上任取两个互不相同的点, 而在该分量之外, 在另一个分

量上再取一个点。

……………………………………………………

第 n 步，在平面上再做一个十字 X_n 不通过前面已选好的点，在其一个分量上任取 $n+1$ 个互不相同的点，而在该分量之外，在另一个分量上再任取 n 个互不相同的点。

当第 n 步完成时所得到的结点组记为 $\mathscr{B}_{n,n}$，并称其为十字型结点组。$\mathscr{B}_{n,n}$ 显然是 $\mathbf{P}_{n,n}$ 的适定结点组。

关于适定结点组的讨论为建立插值公式奠定了基础。下面几节我们将给出一些构造二元多项式插值公式的方法。

§4. 差 商 算 法

在一元插值中有 Newton 差商插值公式。我们自然会想到这样的问题：能否将它推广成二元差商插值算法？本节就是要研究这一问题。

设 D 是平面 O_{xy} 上的有界闭区域，$f(x, y)$ 是定义在 D 上的二元连函数。在 D 中取定如下形式结点组：

$$\mathfrak{E}=\{(x_i, y_j)\,|\,0\leqslant j\leqslant n_i,\ 0\leqslant i\leqslant m\},$$

其中

$$n_0\geqslant n_1\geqslant n_2\geqslant\cdots\geqslant n_m.$$

我们称这种结点组为可整序格点网。所谓二元差商算法主要是针对这种结点组而提出的插值算法。

为了书写方便，我们采用 Steffensen[27] 的记号：

$$\begin{aligned}
&f_{\nu\mu}\equiv f(x_0,\cdots,x_\nu;\ y_0,\cdots,y_\mu),\\
&X_\nu\equiv(x-x_0)(x-x_1)\cdots(x-x_{\nu-1}),\\
&Y_\mu\equiv(y-y_0)(y-y_1)\cdots(y-y_{\mu-1}),\\
&X_0=Y_0=1.
\end{aligned}$$

根据一元 Newton 差商插值公式，我们有

$$f(x, y)=\sum_{\nu=0}^{m}X_\nu f(x_0,\cdots,x_\nu;\ y)+X_{m+1}f(x, x_0,\cdots,x_m;\ y)$$

以及

$$f(x_0, \cdots, x_\nu; y) = \sum_{\mu=0}^{n_\nu} Y_\mu f_{\nu\mu} + Y_{n_\nu+1} f(x_0, \cdots, x_\nu; y, y_0, \cdots, y_{n_\nu}).$$

从而，我们就得到了 $\mathfrak{C}$ 上的插值公式:

$$f(x, y) = \sum_{\nu=0}^{m} \sum_{\mu=0}^{n_\nu} X_\nu Y_\mu f_{\nu\mu} + r_1(x, y), \tag{2.9}$$

其中

$$P(x, y) = \sum_{\nu=0}^{m} \sum_{\mu=0}^{n_\nu} X_\nu Y_\mu f_{\nu\mu} \tag{2.10}$$

是 $\mathfrak{C}$ 上的插值多项式，

$$r_1(x, y) = X_{m+1} f(x, x_0, \cdots, x_m; y) + \sum_{\nu=0}^{m} X_\nu Y_{n_\nu+1} f(x_0, \cdots, x_\nu; y, y_0, \cdots, y_{n_\nu}) \tag{2.11}$$

是插值余项．这时插值多项式空间为

$$\mathbf{P} = \left\{\sum_{\nu=0}^{m} \sum_{\mu=0}^{n_\nu} c_{\nu\mu} x^\nu y^\mu\right\}.$$

利用差商的性质容易证明 $\mathfrak{C}$ 是 $\mathbf{P}$ 的适定结点组．例如取

$$f(x, y) = x^{\nu_0} y^{\mu_0}, \quad 0 \leqslant \nu_0 \leqslant m, \quad 0 \leqslant \mu_0 \leqslant n_{\nu_0},$$

则当 $\nu \geqslant \nu_0$ 时，$f(x_0, \cdots, x_\nu; y, y_0, \cdots, y_{n_\nu}) = 0$．当 $\nu < \nu_0$ 时，由于 $n_\nu \geqslant n_{\nu_0}$，也有 $f(x_0, \cdots, x_\nu; y, y_0, \cdots, y_{n_\nu}) = 0$．故插值的唯一性是很容易证明的．通过直接代入可以验证，插值多项式 (2.10) 是满足插值条件的．

从一般公式 (2.9) 出发，我们可以导出许多有用的带差商的插值公式来．例如，当令 $n_0 = n_1 = \cdots = n_m = n$ 时，我们就得到了矩形上的插值公式

$$f(x, y) = \sum_{\nu=0}^{m} \sum_{\mu=0}^{n} X_\nu Y_\mu f_{\nu\mu} + r_2, \tag{2.12}$$

其中余项

$$
\begin{aligned}
r_2 = & X_{m+1}f(x, x_0, \cdots, x_m; y) \\
& + \sum_{\nu=0}^{m} X_\nu Y_{n+1} f(x_0, \cdots, x_\nu; y, y_0, \cdots, y_n) \\
= & X_{m+1}f(x, x_0, \cdots, x_m; y) + Y_{n+1}\{f(x; y, y_0, \cdots, y_n) \\
& - X_{m+1}f(x, x_0, \cdots, x_m; y, y_0, \cdots, y_n)\} \\
= & \frac{X_{m+1}}{(m+1)!} f_x^{(m+1)}(\xi, y) + \frac{Y_{n+1}}{(n+1)!} f_y^{(n+1)}(x, \eta) \\
& - \frac{X_{m+1}Y_{n+1}}{(m+1)!(n+1)!} f_{xy}^{(m+1,n+1)}(\bar{\xi}, \bar{\eta}).
\end{aligned}
\tag{2.13}
$$

此处 ξ 和 $\bar{\xi}$ 落在包含 $x, x_0, \cdots, x_m$ 的最小区间之内，而 η 和 $\bar{\eta}$ 落在包含 $y, y_0, \cdots, y_n$ 的最小区间之内. 显然该插值问题的插值空间是 $\mathbf{P}_{m,n}$.

同样地，如果取 $n_\nu = m - \nu$, $\nu = 0, 1, \cdots, m$，便得到多项式空间 $\mathbf{P}_m$ 中的插值公式

$$
f(x, y) = \sum_{\nu=0}^{m} \sum_{\mu=0}^{m-\nu} X_\nu Y_\mu f_{\nu\mu} + r_3, \tag{2.14}
$$

其中

$$
\begin{aligned}
r_3 = & X_{m+1}f(x, x_0, \cdots, x_m; y) \\
& + \sum_{\nu=0}^{m} X_\nu Y_{m+1-\nu} f(x_0, \cdots, x_\nu; y, y_0, \cdots, y_{m-\nu}).
\end{aligned}
\tag{2.15}
$$

下面我们写出一些常用的插值公式. 为了节省篇幅，我们不一一证明.

1) 取 $x_i = i$, $i = 0, 1, 2, \cdots, m$; $y_j = j$, $j = 0, 1, 2, \cdots, n$. 引进记号

$$
\begin{aligned}
&\Delta_x\text{: } \Delta_x f(x, y) = f(x+1, y) - f(x, y), \\
&\Delta_y\text{: } \Delta_y f(x, y) = f(x, y+1) - f(x, y), \\
&z^{(k)}\text{: } z^{(k)} = z(z-1)\cdots(z-k+1).
\end{aligned}
$$

这时 $\mathfrak{C}$ 上的 Newton 表初插值公式为

$$
f(x, y) = \sum_{\nu=0}^{m} \sum_{\mu=0}^{n_\nu} \frac{x^{(\nu)}}{\nu!} \cdot \frac{y^{(\mu)}}{\mu!} \Delta_x^\nu \Delta_y^\mu f(0, 0) + r.
$$

2) 取 $x_i=-i,\ i=0,1,2,\cdots,m;\ y_j=-j,\ j=0,1,2,\cdots,n$. 引进记号

$$\nabla_x:\ \nabla_x f(x,y)=f(x,y)-f(x-1,y),$$

$$\nabla_y:\ \nabla_y f(x,y)=f(x,y)-f(x,y-1),$$

$$z^{(-k)}:\ z^{(-k)}=z(z+1)\cdots(z+k-1).$$

这时 $\mathfrak{C}$ 上的 Newton 表末插值公式为

$$f(x,y)=\sum_{\nu=0}^{m}\sum_{\mu=0}^{n_\nu}\frac{x^{(-\nu)}}{\nu!}\cdot\frac{y^{(-\mu)}}{\mu!}\nabla_x^\nu\nabla_y^\mu f(0,0)+r.$$

3) 取 $x_{2i}=i,\ \ x_{2i-1}=-i;\ \ y_{2j}=j,\ y_{2j-1}=-j$. 假设 m 和 n_ν 均为偶数，而点集 $\mathfrak{C}$ 关于两个坐标轴 $x=0$ 和 $y=0$ 均是对称的. 引进记号

$$\delta_x:\ \delta_x f(x,y)=f\left(x+\frac{1}{2},y\right)-f\left(x-\frac{1}{2},y\right),$$

$$\delta_y:\ \delta_y f(x,y)=f\left(x,y+\frac{1}{2}\right)-f\left(x,y-\frac{1}{2}\right),$$

$$\sigma_x:\ \sigma_x f(x,y)=\frac{1}{2}\left[f\left(x+\frac{1}{2},y\right)+f\left(x-\frac{1}{2},y\right)\right],$$

$$\sigma_y:\ \sigma_y f(x,y)=\frac{1}{2}\left[f\left(x,y+\frac{1}{2}\right)+f\left(x,y-\frac{1}{2}\right)\right],$$

$$z^{[2\nu]}:\ z^{[2\nu]}=z^2(z^2-1^2)(z^2-2^2)\cdots(z^2-(\nu-1)^2),$$

$$z^{[2\nu-1]}:\ z^{[2\nu-1]}=z\left(z^2-\left(\frac{1}{2}\right)^2\right)\left(z^2-\left(\frac{3}{2}\right)^2\right)\cdots\left(z^2-\left(\frac{2\nu-1}{2}\right)^2\right),$$

$$z^{[2\nu]-1}=z^{[2\nu]}/z,\ \ z^{[2\nu-1]-1}=z^{[2\nu-1]}/z,$$

$$s_x^{(\nu)}=\frac{x^{[2\nu]-1}}{(2\nu-1)!}\sigma_x\delta_x^{2\nu-1}+\frac{x^{[2\nu]}}{(2\nu)!}\delta_x^{2\nu},$$

$$s_y^{(\mu)}=\frac{y^{[2\mu]-1}}{(2\mu-1)!}\sigma_y\delta_y^{2\mu-1}+\frac{y^{[2\mu]}}{(2\mu)!}\delta_y^{2\mu}.$$

这时 $\mathfrak{C}$ 上的 Stirling-Stirling 插值公式为

$$f(x, y) = \sum_{\nu=0}^{m/2} \sum_{\mu=0}^{n_\nu/2} s_x^{(\nu)} s_y^{(\mu)} f(0, 0) + r.$$

在该公式中我们规定 $((-1)!)^{-1}=0$.

4) 取 $x_{2i} = -i$, $x_{2i-1} = i$; $y_{2j} = -j$, $y_{2j-1} = j$. 假设 m 和 n_ν 均为奇数,而点集 $\mathfrak{E}$ 关于两条直线 $x = \frac{1}{2}$ 和 $y = \frac{1}{2}$ 均是对称的. 除了 3) 中的记号外,我们还记

$$b_x^{(\nu)} = \frac{x^{[2\nu+1]-1}}{(2\nu)!} \sigma_x \delta_x^{2\nu} + \frac{x^{[2\nu+1]}}{(2\nu+1)!} \delta_x^{2\nu+1},$$

$$b_y^{(\mu)} = \frac{y^{[2\mu+1]-1}}{(2\mu)!} \sigma_y \delta_y^{2\mu} + \frac{y^{[2\mu+1]}}{(2\mu+1)!} \delta_y^{2\mu+1}.$$

则由公式 (2.9) 可推得如下的 $\mathfrak{E}$ 上的 Bessel-Bessel 插值公式

$$f\left(x+\frac{1}{2}, y+\frac{1}{2}\right) = \sum_{\nu=0}^{(m-1)/2} \sum_{\mu=0}^{(n_\nu-1)/2} b_x^{(\nu)} b_y^{(\mu)} f\left(\frac{1}{2}, \frac{1}{2}\right) + r.$$

5) 取 $x_{2i} = i$, $x_{2i-1} = -i$; $y_{2j} = -j$, $y_{2j-1} = j$. 假设 m 是偶数, n_ν 为奇数. 而点集 $\mathfrak{E}$ 关于两条直线 $x = 0$ 和 $y = \frac{1}{2}$ 均是对称的. 则由公式 (2.9) 可推得如下的 $\mathfrak{E}$ 上的 Stirling-Bessel 插值公式

$$f\left(x, y+\frac{1}{2}\right) = \sum_{\nu=0}^{m/2} \sum_{\mu=0}^{(n_\nu-1)/2} s_x^{(\nu)} b_y^{(\mu)} f\left(0, \frac{1}{2}\right) + r.$$

最后我们指出,由一元带差商的插值公式形成二元带差商的插值公式还可以有更多的组合方式. 如 Bessel-Stirling 公式, Everett-Everett 公式, Everett-Stirling 公式,等等. 到底选用哪个公式好,这要根据计算时具体情况来定. 不过这些公式都可以从一般公式 (2.9) 推导出来.

§5. Lagrange 方法

设平面上给定了一组插值结点 $q_0, q_1, \cdots, q_k$. 用 Lagrange

方法去构造插值公式，就是去找对应的一串多项式 $L_0(x,y)$, $L_1(x,y)$, $\cdots$, $L_k(x,y)$（它们被称为 Lagrange 插值基本多项式）使得

$$L_i(q_j)=\begin{cases}0, & \text{当 } i\neq j \text{ 时},\\ 1, & \text{当 } i=j \text{ 时}, i,j=0,1,\cdots,k.\end{cases}$$

从而我们就得到了插值公式

$$f(x,y)=\sum_{i=0}^{k} f(q_i)L_i(x,y)+r. \tag{2.16}$$

Lagrange 方法是构造插值公式的重要方法之一。在原则上对任何一个适定插值问题都可构造其 Lagrange 插值公式，只是繁简的程度不同罢了。对于一些特殊的结点分布，我们可以用 Lagrange 方法很方便地求出插值公式。下面我们就给出几个运用这种方法的例子。

1）矩形网点上的 Lagrange 插值

设插值结点为(x_i,y_j), $i=0,1,\cdots,m$; $j=0,1,\cdots,n$. 令

$$U(x)=(x-x_0)(x-x_1)\cdots(x-x_m),$$
$$V(y)=(y-y_0)(y-y_1)\cdots(y-y_n).$$

显然 (x_i,y_j) 点所对应的 Lagrange 插值基本多项式为

$$M_i(x)N_j(y)=\frac{U(x)}{U'(x_i)(x-x_i)}\cdot\frac{V(y)}{V'(y_j)(y-y_j)}.$$

因此对应的 Lagrange 插值公式为

$$\begin{aligned}f(x,y)&=\sum_{i=0}^{m}\sum_{j=0}^{n} f(x_i,y_j)M_i(x)\cdot N_j(y)+r\\&=\sum_{i=0}^{m}\sum_{j=0}^{n} f(x_i,y_j)\frac{U(x)}{U'(x_i)(x-x_i)}\\&\quad\cdot\frac{V(y)}{V'(y_j)(y-y_j)}+r.\end{aligned} \tag{2.17}$$

根据插值的唯一性，这个公式与§4中的公式(2.12)是等价的。

2）三角形网点上的 Lagrange 插值

考虑平面上任意一个三角形 ABC（见图 2.1）。将 AC 边 n 等分，过每个分点做分别平行于 AB 和 BC 的两条直线．这样就在三角形内得到许多交点．不难看出，平行于 AC 也有一簇类似的平行线通过这些交点．这样我们就得到了一个三角形格点网．我们来考虑以这些网点为结点的插值问题

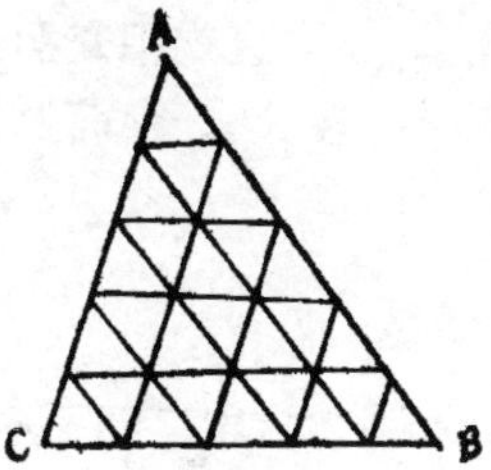

图 2.1

设 BC、AC 和 AB 三边在 O_{xy} 平面上的方程分别为

$$a_0(x, y) \triangleq \alpha_1 x + \beta_1 y + \gamma_1 = 0$$

$$b_0(x, y) \triangleq \alpha_2 x + \beta_2 y + \gamma_2 = 0$$

$$c_0(x, y) \triangleq \alpha_3 x + \beta_3 y + \gamma_3 = 0$$

并设与 BC、AC、AB 平行的直线簇的方程分别为

$$a_i(x, y) \triangleq \alpha_1 x + \beta_1 y + \gamma_1 + ih_1 = 0, \quad i = 0, 1, \cdots, n,$$

$$b_j(x, y) \triangleq \alpha_2 x + \beta_2 y + \gamma_2 + jh_2 = 0, \quad j = 0, 1, \cdots, n,$$

$$c_k(x, y) \triangleq \alpha_3 x + \beta_3 y + \gamma_3 + kh_3 = 0, \quad k = 0, 1, \cdots, n.$$

我们用 q_{ij} 表示 $a_i(x, y) = 0$ 与 $b_j(x, y) = 0$ 的交点，则结点组

$$\mathfrak{C}_n = \{q_{ij} \mid j = 0, 1, \cdots, n - i;\ i = 0, 1, \cdots, n\}$$

构成 $\mathbf{P}_n$ 的适定结点组，令

$$A_i(x, y) = \prod_{l=0}^{i-1} a_l(x, y), \quad A_0(x, y) = 1,$$

$$B_j(x, y) = \prod_{l=0}^{j-1} b_l(x, y), \quad B_0(x, y) = 1,$$

$$C_k(x, y) = \prod_{l=0}^{k-1} c_l(x, y), \quad C_0(x, y) = 1.$$

则对应 q_{ij} 点的 Lagrange 插值基本多项式为

$$L_{ij}(x, y) = \frac{A_i(x, y)}{A_i(q_{ij})} \cdot \frac{B_j(x, y)}{B_j(q_{ij})} \cdot \frac{C_{n-i-j}(x, y)}{C_{n-i-j}(q_{ij})}.$$

从而得到 $\mathfrak{C}_n$ 上的 Lagrange 插值公式

$$f(x,y)=\sum_{0\le i+j\le n} f(q_{ij})L_{ij}(x,y)+r. \tag{2.18}$$

3) 直线相交网上的 Lagrange 插值

在 O_{xy} 平面上任意做 $n+1$ 条直线 $a_0(x,y)=0, a_1(x,y)=0, \cdots, a_n(x,y)=0$，使得它们两两都相交，但是任何三条直线都不相交于一点. 则我们称这 $n+1$ 条直线的所有交点是一个直线相交网. 我们就是要考虑这种结点分布上的 Lagrange插值. 我们用 q_{ij} 来记直线 $a_i(x,y)=0$ 与直线 $a_j(x,y)=0$ 的交点. 令

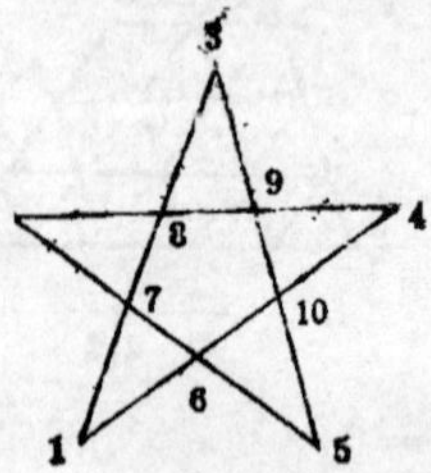

图 2.2

$$S_{ij}(x,y)=\frac{a_0(x,y)a_1(x,y)\cdots a_n(x,y)}{a_i(x,y)a_j(x,y)}.$$

显然

$$L_{ij}(x,y)=\frac{S_{ij}(x,y)}{S_{ij}(q_{ij})}$$

是对应于 q_{ij} 点的 Lagrange 插值基本多项式. 于是我们就得到了直线相交网上的 Lagrange 插值公式

$$f(x,y)=\sum_{0\le i<j\le n} f(q_{ij})\frac{S_{ij}(x,y)}{S_{ij}(q_{ij})}+r. \tag{2.19}$$

例 五角星形(见图 2.1)之 10 个顶点显然构成一个直线相交网. 用上述方法就可构造出一个二元三次的 Lagrange 插值公式.

§6. Aitken 方法

大家知道，一元 Aitken 插值法的实质在于通过线性插值过程的迭代来实现高次插值. Thacher 和 Milne 在文献 [28] 中将一元 Aitken 插值法推广到多元，并指出了插值结点组应该满足

的若干条件．不难证明，对二元情形来说，文献 [28] 中所做的 Aitken 方法的推广就是下面所说的三角形迭代法（对于更多个变元的情形也有类似的结果）．同时，应该指出，Aitken 方法的多元推广并不是唯一的．本节后半部分介绍的矩形迭代法就是 Aitken 插值法的另一种推广．

6.1 三角形迭代法

在 O_{xy} 平面上任做三条直线 l_1, l_2, l_3，使其交成一个三角形．设该三角形的三个顶点是 $A(x_1, y_1)$，$B(x_2, y_2)$，$C(x_3, y_3)$（见图 2.3）．在三条直线 l_1, l_2, l_3 上分别取异于 A，B，C 的 $n-1$ 个互不相同的点．再在 l_1, l_2, l_3 之外取 $\frac{1}{2}(n-1)(n-2)$ 个点，它们构成二元 $n-3$ 次多项式空间 $\mathbf{P}_{n-3}$ 的适定结点组 $\mathfrak{C}_{n-3}$．我们用 $\mathfrak{U}_1$ 表示 l_1 上所取的 $n-1$ 个点与 B、C 两点构成的集合．类似地，用 $\mathfrak{U}_2$ 表示 l_2 上所取的 $n-1$ 个点与 A、C 两点一起所构成的集合；用 $\mathfrak{U}_3$ 表示 l_3 上所取的 $n-1$ 个点与 A、B 两点所构成的集合．则集合

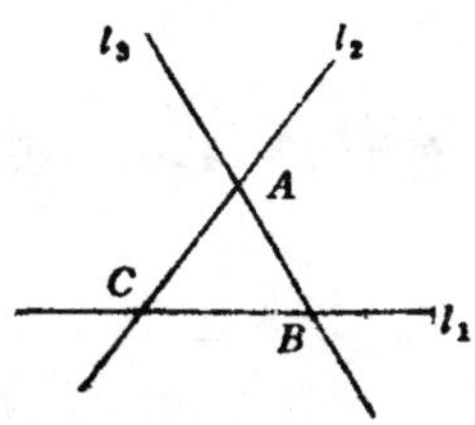

图 2.3

$$\mathfrak{C}_n = \mathfrak{C}_{n-3} \cup \mathfrak{U}_1 \cup \mathfrak{U}_2 \cup \mathfrak{U}_3$$

构成空间 $\mathbf{P}_n$ 的适定结点组．而且集合

$$\mathscr{B}_i = \mathfrak{C}_n \backslash \mathfrak{U}_i, \quad i = 1, 2, 3,$$

都是空间 $\mathbf{P}_{n-1}$ 的适定结点组．设 $f(x, y)$ 为被插函数，$P_{n-1}^{(1)}(x, y)$，$P_{n-1}^{(2)}(x, y)$，$P_{n-1}^{(3)}(x, y)$ 分别是函数 $f(x, y)$ 在 $\mathbf{P}_{n-1}$ 中关于结点组 $\mathscr{B}_1$，$\mathscr{B}_2$，$\mathscr{B}_3$ 的插值多项式，

$$d = \begin{vmatrix} 1 & x_1 & y_1 \\ 1 & x_2 & y_2 \\ 1 & x_3 & y_3 \end{vmatrix}.$$

则我们可以证明

$$P_n(x,y)=\frac{1}{d}\begin{vmatrix}P_{n-1}^{(1)}(x,y) & x_1-x & y_1-y\\ P_{n-1}^{(2)}(x,y) & x_2-x & y_2-y\\ P_{n-1}^{(3)}(x,y) & x_3-x & y_3-y\end{vmatrix} \tag{2.20}$$

是 $f(x, y)$ 在 $\mathbf{P}_n$ 中关于结点组 $\mathfrak{C}_n$ 的插值多项式。

事实上，通过(2.20)中行列式行的减法可以看出 $P_n(x,y)\in\mathbf{P}_n$. 此外当 $(x_i, y_i)\in\mathfrak{C}_{n-1}$ 时有

$$P_n(x_i,y_i)=\frac{1}{d}\begin{vmatrix}f(x_i,y_i) & x_1-x_i & y_1-y_i\\ f(x_i,y_i) & x_2-x_i & y_2-y_i\\ f(x_i,y_i) & x_3-x_i & y_3-y_i\end{vmatrix}$$

$$=f(x_i,y_i).$$

对于 $i=1,2,3$ 容易验证

$$P_n(x_i,y_i)=f(x_i,y_i).$$

当 $i>3$ 且 $(x_i, y_i)\in\mathfrak{U}_1$ 时有

$$P_n(x_i,y_i)=\frac{1}{d}\begin{vmatrix}P_{n-1}^{(1)}(x_i,y_i) & x_1-x_i & y_1-y_i\\ f(x_i,y_i) & x_2-x_i & y_2-y_i\\ f(x_i,y_i) & x_3-x_i & y_3-y_i\end{vmatrix}$$

$$=\frac{1}{d}\begin{vmatrix}P_{n-1}^{(1)}(x_i,y_i)-f(x_i,y_i) & x_1-x_3 & y_1-y_3\\ 0 & x_2-x_3 & y_2-y_3\\ f(x_i,y_i) & x_3-x_i & y_3-y_i\end{vmatrix}$$

将该行列式按第一列展开，注意 (x_i, y_i) 与 (x_2, y_2), (x_3, y_3) 共线，便可知有 $P(x_i, y_i)=f(x_i, y_i)$. 同理可证当 $(x_i, y_i)\in\mathfrak{U}_2$ 或 $\mathfrak{U}_3$ 时也有 $P_n(x_i, y_i)=f(x_i, y_i)$. 这就证明了 $P_n(x, y)$ 是 $f(x, y)$ 在 $\mathbf{P}_n$ 中关于结点组 $\mathfrak{C}_n$ 的插值多项式。

公式(2.20)表明，对于这种结点组而言，一个二元 n 次插值问题可以被转化为三个 $n-1$ 次二元插值问题来解决. 同时由于

$$P_1(x,y)=\frac{1}{d}\begin{vmatrix}g(x_1,y_1) & x_1-x & y_1-y\\ g(x_2,y_2) & x_2-x & y_2-y\\ g(x_3,y_3) & x_3-x & y_3-y\end{vmatrix}$$

是函数 $g(x, y)$ 在结点 (x_1, y_1), (x_2, y_2), (x_3, y_3) 上的线性插

值多项式，所以 (2.20) 式表明对于取定的计值点 (x, y) 而言，一个 n 次插值可以通过三个 $n-1$ 次插值加上一个线性插值来实现.

特别是对 § 5 第 2) 段所介绍的三角形网点，可以将这个降低插值多项式次数的过程一直用下去，将 n 次插值化为有限步线性插值的迭代. 这就是三角形迭代法. 它是一元 Aitken 插值的推广. 这种算法是便于在电子计算机上实现的. 其程序简短，存储量少，而且便于比较中间计算结果.

6.2 矩形迭代法

设 $f(x, y)$ 是给定的被插函数. $\mathfrak{C}_{n-2,n-2}$ 是 O_{xy} 平面上关于多项式空间 $\mathbf{P}_{n-2,n-2}$ 的适定结点组. $x=x_1$, $x=x_2$, $y=y_1$, $y=y_2$ 是四条不通过 $\mathfrak{C}_{n-2,n-2}$ 中点的直线. 它们交于 $A=(x_1, y_1)$, $B=(x_1, y_2)$, $C=(x_2, y_2)$, $D=(x_2, y_1)$ 四点 (见图 2.4). 除了这四个点外在这四条直线的每条直线上分别取 $n-1$ 点组 $\mathfrak{U}_{10}$, $\mathfrak{U}_{20}$, $\mathfrak{U}_{01}$, $\mathfrak{U}_{02}$, 它们分别位于直线 $x=x_1$, $x=x_2$, $y=y_1$, $y=y_2$ 上. 显然由 § 3 定理 3 可知，对于 $i=1, 2$; $j=1, 2$ 而言，点组

$$\mathfrak{B}_{ij}=\mathfrak{C}_{n-2,n-2}\cup\mathfrak{U}_{i,0}\cup\mathfrak{U}_{0,j}\cup\{(x_i, y_j)\}$$

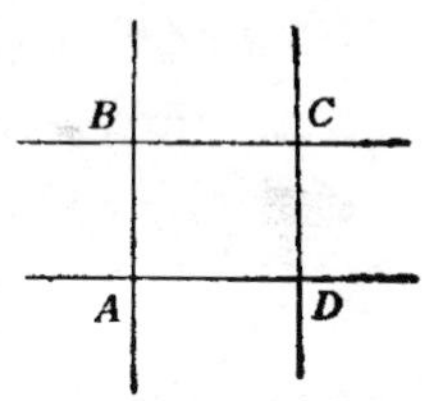

图 2.4

均是空间 $\mathbf{P}_{n-1,n-1}$ 的适定结点组. 而点组

$$\mathfrak{C}_{n,n}=\mathfrak{B}_{11}\cup\mathfrak{B}_{12}\cup\mathfrak{B}_{21}\cup\mathfrak{B}_{22}$$

构成空间 $\mathbf{P}_{n,n}$ 的适定结点组. 我们用 $P_{n-1}^{(i,j)}(x, y)$ 表示 $f(x, y)$ 在 $\mathbf{P}_{n-1,n-1}$ 中关于结点组 $\mathfrak{B}_{i,j}$ 的插值多项式，并令

$$d=\begin{vmatrix} 1 & x_1 & y_1 & x_1y_1 \\ 1 & x_1 & y_2 & x_1y_2 \\ 1 & x_2 & y_1 & x_2y_1 \\ 1 & x_2 & y_2 & x_2y_2 \end{vmatrix}=-(x_2-x_1)^2(y_2-y_1)^2,$$

则可以证明

$$P_n(x,y)=\frac{1}{d}\begin{vmatrix} P_{n-1}^{(1,1)}(x,y) & x_1-x & y_1-y & (x_1-x)(y_1-y) \\ P_{n-1}^{(1,2)}(x,y) & x_1-x & y_2-y & (x_1-x)(y_2-y) \\ P_{n-1}^{(2,1)}(x,y) & x_2-x & y_1-y & (x_2-x)(y_1-y) \\ P_{n-1}^{(2,2)}(x,y) & x_2-x & y_2-y & (x_2-x)(y_2-y) \end{vmatrix} \tag{2.21}$$

是 $f(x,y)$ 在 $\mathbf{P}_{n,n}$ 中关于结点 $\mathfrak{C}_{n,n}$ 的插值多项式。

事实上，通过上述行列式列的减法和行的减法可知

$$P_n(x,y)=\frac{1}{d}\begin{vmatrix} P_{n-1}^{(1,1)} & x_1-x & y_1-y & 0 \\ P_{n-1}^{(1,2)} & x_1-x & y_2-y & (x_1-x)(y_2-y_1) \\ P_{n-1}^{(2,1)} & x_2-x & y_1-y & 0 \\ P_{n-1}^{(2,2)} & x_2-x & y_2-y & (x_2-x)(y_2-y_1) \end{vmatrix}$$

$$=\frac{1}{d}\begin{vmatrix} P_{n-1}^{(1,1)} & x_1-x & y_1-y & 0 \\ P_{n-1}^{(1,2)} & 0 & y_2-y & (x_1-x)(y_2-y_1) \\ P_{n-1}^{(2,1)}-P_{n-1}^{(1,1)} & x_2-x_1 & 0 & 0 \\ P_{n-1}^{(2,2)}-P_{n-1}^{(1,2)} & 0 & 0 & (x_2-x_1)(y_2-y_1) \end{vmatrix}.$$

显然 $P_n(x,y)\in\mathbf{P}_{n,n}$. 此外

$$P_n(x_1,y_1)=\frac{1}{d}\begin{vmatrix} f(x_1,y_1) & 0 & 0 & 0 \\ P_{n-1}^{(1,2)} & 0 & y_2-y_1 & 0 \\ P_{n-1}^{(2,1)} & x_2-x_1 & 0 & 0 \\ P_{n-1}^{(2,2)} & x_2-x_1 & y_2-y_1 & (x_2-x_1)(y_2-y_1) \end{vmatrix}$$
$$=f(x_1,y_1).$$

同理可证

$$P_n(x_1,y_2)=f(x_1,y_2),$$
$$P_n(x_2,y_1)=f(x_2,y_1),$$
$$P_n(x_2,y_2)=f(x_2,y_2).$$

对于 $(x_i,y_j)\in\mathfrak{C}_{n-2,n-2}$, 我们有

$$P_n(x_i,y_j)=\frac{f(x_i,y_j)}{d}\begin{vmatrix} 1 & x_1-x_i & y_1-y_j & (x_1-x_i)(y_1-y_j) \\ 1 & x_1-x_i & y_2-y_j & (x_1-x_i)(y_2-y_j) \\ 1 & x_2-x_i & y_1-y_j & (x_2-x_i)(y_1-y_j) \\ 1 & x_2-x_i & y_2-y_j & (x_2-x_i)(y_2-y_j) \end{vmatrix}$$

$$= f(x_i, y_j).$$

当 $(x_i, y_j) \in \mathfrak{U}_{10}$ 时，由于 $x_i = x_1$，我们有

$$P_n(x_i, y_j) = \frac{1}{d}\begin{vmatrix} f(x_1, y_j) & 0 & y_1 - y_j & 0 \\ f(x_1, y_j) & 0 & y_2 - y_j & 0 \\ P_{n-1}^{(2,1)}(x_1, y_j) & x_2 - x_1 & y_1 - y_j & (x_2 - x_1)(y_1 - y_j) \\ P_{n-1}^{(2,2)}(x_1, y_j) & x_2 - x_1 & y_2 - y_j & (x_2 - x_1)(y_2 - y_j) \end{vmatrix}$$

$$= f(x_1, y_j) = f(x_i, y_j).$$

同理可证当 $(x_i, y_j) \in \mathfrak{U}_{20}, \mathfrak{U}_{01}, \mathfrak{U}_{02}$ 时，也有

$$P_n(x_i, y_j) = f(x_i, y_j),$$

故 $P_n(x, y)$ 是 $f(x, y)$ 在 $\mathbf{P}_{n,n}$ 中关于结点组 $\mathfrak{C}_{n,n}$ 的插值多项式。

注意

$$P_1(x, y) = \frac{1}{d}\begin{vmatrix} g(x_1, y_1) & x_1 - x & y_1 - y & (x_1 - x)(y_1 - y) \\ g(x_1, y_2) & x_1 - x & y_2 - y & (x_1 - x)(y_2 - y) \\ g(x_2, y_1) & x_2 - x & y_1 - y & (x_2 - x)(y_1 - y) \\ g(x_2, y_2) & x_2 - x & y_2 - y & (x_2 - x)(y_2 - y) \end{vmatrix}$$

是函数 $g(x, y)$ 关于结点组 $(x_1, y_1), (x_1, y_2), (x_2, y_1), (x_2, y_2)$ 的双线性插值多项式，故公式 (2.21) 实际上是把双 n 次插值归结为四个双 $n-1$ 次插值与一个双线性插值，特别对于 § 5 第 1) 段所给的矩形网点，将这种降低插值多项式次数的过程多次用下去，可把双 n 次插值化为有限步双一次插值的迭代。这就是矩形迭代法。它是 Aitken 插值法的另一种二元推广。

§ 7. 迭加插值法

基于本章 § 3 关于适定结点组的讨论，现在我们给出一种所谓迭加插值法。下面我们首先给出迭加插值法的一般提法，然后再给出几个具体的迭加插值算法。

7.1 迭加插值法的一般提法

如果给出了 $m+1$ 个其元素为二元多项式的有限维线性空间 $\mathrm{G}_0, \mathrm{G}_1, \cdots, \mathrm{G}_m$ 和 $m+1$ 个结点组 $\mathfrak{U}_0, \mathfrak{U}_1, \cdots, \mathfrak{U}_m$ 以及 m 条代数曲线 $Q_1(x, y)=0, \cdots, Q_m(x, y)=0$ (以后简称为曲线 $Q_1, Q_2, \cdots, Q_m$), 满足如下两个条件:

1° $\mathfrak{U}_i$ 是 G_i 的适定结点组 $(i=0, 1, \cdots, m)$;

2° $\mathfrak{U}_0, \mathfrak{U}_1, \cdots, \mathfrak{U}_{i-1}$ 都在曲线 Q_i 上, 而 $\mathfrak{U}_i$ 中的任何点都不在曲线 Q_i 上 $(i=1, 2, \cdots, m)$; 则我们就认为是给定了一个迭加插值法(插值算法).

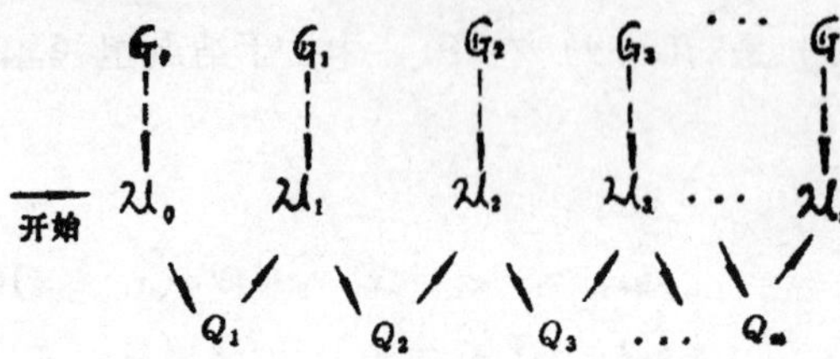

图 2.5

通常可先选定 G_i, 而 $\mathfrak{U}_i$ 和 Q_i 可按如下的顺序 (见图 2.5) 来给出: 先取 G_0 的一个适定结点组 $\mathfrak{U}_0$. 做一条代数曲线 Q_1 使之通过 $\mathfrak{U}_0$, 然后在 Q_1 之外选 G_1 的一个适定结点组 $\mathfrak{U}_1$. 再通过 $\mathfrak{U}_0 \cup \mathfrak{U}_1$ 做一条代数曲线 Q_2, 再在 Q_2 之外选 G_2 的一个适定结点组 $\mathfrak{U}_2$. 这样一直做下去, 至到取到 $\mathfrak{U}_m$ 为止.

设 $P_0(x, y), P_1(x, y), \cdots, P_m(x, y)$ 分别是 $\mathrm{G}_0, \mathrm{G}_1, \cdots, \mathrm{G}_m$ 中元素的一般表达式(亦即关于基底线性组合的一般形式). 我们来考虑待定系数多项式

$$P(x, y)=P_0+Q_1P_1+Q_2P_2+\cdots+Q_mP_m. \tag{2.22}$$

这时实现该插值算法就是依次地用 $\mathfrak{U}_0, \mathfrak{U}_1, \cdots, \mathfrak{U}_m$ 上的插值条件来定出 $P_0, P_1, \cdots, P_m$.

在此我们指出这种算法的一个特殊类型, 它应用起来很方便, 即要求诸 Q_i 依次整除:

$$Q_1|Q_2|Q_3|\cdots|Q_m.$$

于是便有多项式 $R_1, R_2, \cdots, R_m$ 使

$$Q_1 = R_1, Q_2 = Q_1R_1, \cdots, Q_m = Q_{m-1}R_m.$$

这时待定系数多项式 $P(x, y)$ 具有形式

$$P(x, y) = P_0 + R_1(P_1 + R_2(P_2 + \cdots + R_mP_m\underbrace{)\cdots)}_{m-1\text{个}}. \quad (2.23)$$

在这种情况下，如果给出合乎要求的 $\mathfrak{G}_i$，$\mathfrak{U}_i$ 和 R_i，我们的算法也就定了. 当 $\mathfrak{G}_i$ 预先选定时，$\mathfrak{U}_i$ 和 R_i 通常可按如下顺序(见图 2.6)来给定：先取 $\mathfrak{G}_0$ 的一个适定结点组 $\mathfrak{U}_0$. 做一条代数曲线 R_1 通过 $\mathfrak{U}_0$，而在 R_1 之外选 $\mathfrak{G}_1$ 的一个适定结点组 $\mathfrak{U}_1$. 再通过 $\mathfrak{U}_1$ 做一条代数曲线 R_2，再在 R_1 和 R_2 之外选 $\mathfrak{G}_2$ 的一个适定结点组 $\mathfrak{U}_2$. 这样一直做下去，直到取到 $\mathfrak{U}_m$ 为止.

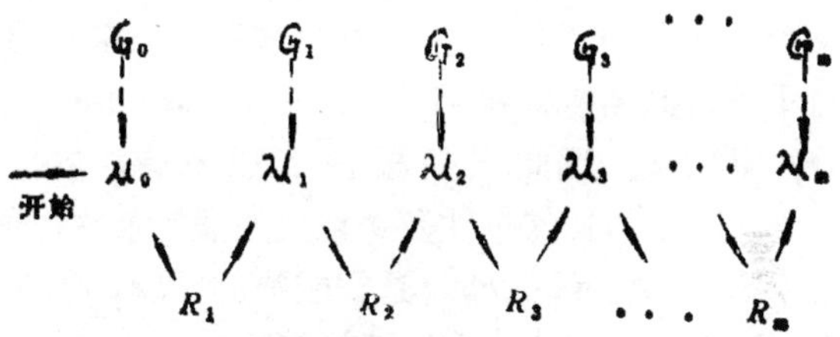

图 2.6

应该注意的是，迭加插值法中的 $\mathfrak{G}_i$，$\mathfrak{U}_i$ 和 Q_i 的选取顺序(即指它们之间的决定关系)是有相当大的随意性的. 对于不同类型的问题可以有不同的构造迭加插值算法的方法.

7.2 几个具体的迭加插值算法

现在我们通过几个例子来说明上述的迭加插值法. 同时这几个例子也表明了如何应用迭加插值法来解决 § 3 所给出的适定结点组上的插值问题. 因此，我们这里沿用 § 3 中的术语和符号.

1) 直线型结点组 $\mathfrak{C}_n$ 上的插值算法

设直线 L_i 的方程是

$$L_i(x, y) \equiv a_ix + b_iy + c_i = 0, \quad i = 1, 2, \cdots, n.$$

在 (2.23) 中我们取

$$R_i = L_{n+1-i}, \quad i = 1, 2, \cdots, n.$$

并取

$$\begin{aligned} P_i(x, y) &= Q_i(b_{n-i}x - a_{n-i}y) \\ &= \sum_{j=0}^{n-i} c_j^{(i)}(b_{n-i}x - a_{n-i}y)^j, \quad i = 0, 1, 2, \cdots, n. \end{aligned}$$

这时公式 (2.23) 就变成

$$\begin{aligned} P(x, y) = P_0(x, y) &+ (a_n x + b_n y + c_n) \\ &\cdot (P_1(x, y) + (a_{n-1}x + b_{n-1}y + c_{n-1}) \\ &\cdot (P_2(x, y) + \cdots + (a_1 x + b_1 y + c_1)P_n(x, y))\underbrace{\cdots)}_{n-1\text{个}}, \end{aligned}$$

容易看出，结点组 $\mathfrak{C}_n$ 中在直线 $L_{n-i} = R_{i+1}$ 上的那些点(共 $n-i+1$ 个) 是形如 $P_i(x, y)$ 的多项式所做成空间的适定结点组，而且对于给定的插值条件可以用一元 Lagrange 插值公式把 $P_i(x, y)$ 求出来。因此我们根据上述公式，依次地应用 L_n, $L_{n-1}, \cdots, L_1$ 上的插值条件及 q 点处的插值条件，便可依次地定出上式中的 $P_0, P_1, \cdots, P_n$. 这样求得的 $P(x, y)$ 显然属于 $\mathbf{P}_n$.

2) 圆型结点组 $\mathfrak{D}_{2n}$ 上的插值算法

在 § 3 中所给的圆型结点组的结点是分布在以 q 为心的 n 个同心圆周 $L_1, L_2, \cdots, L_n$ 上，在它们上所取的结点数目分别是 5, 9, 13, …, $4n+1$. 设圆 L_i 的方程是

$$L_i(x, y) \equiv (x - x_0)^2 + (y - y_0)^2 - r_i^2 = 0, \quad i = 1, 2, \cdots, n.$$

在 (2.23) 中我们取

$$R_i = L_{n+1-i}, \quad i = 1, 2, \cdots, n.$$

并取其中的 $P_i(x, y)$ 为

$$P_i(x, y) = \mathrm{Re}\left(\sum_{k=0}^{n-i} (\alpha_k^{(i)} + j\beta_k^{(i)})(x + jy)^k\right), \quad i = 0, 1, \cdots, n,$$

其中 j 表示虚数单位，Re 表示取复数实部的运算。这时 (2.23) 就变成

$$
\begin{aligned}
P(x, y) = F_0(x, y) &+ ((x - x_0)^2 + (y - y_0)^2 - r_n^2) \\
&\cdot (P_1(x, y) + ((x - x_0)^2 + (y - y_0)^2 - r_{n-1}^2) \\
&\cdot (P_2(x, y) + \cdots + ((x - x_0)^2 + (y - y_0)^2 \\
&- r_1^2)P_n(x, y))\underbrace{\cdots)}_{n-1\text{个}}.
\end{aligned}
$$

容易看出，结点组 $\mathfrak{D}_{2n}$ 中在圆周 $L_{n-i} = R_{i+1}$ 上的那些点（共 $4n - 4i + 1$ 个）是形如上述的次数不超过 $n - i$ 的二元调合多项式 $P_i(x, y)$ 所做成的空间的适定结点组．而且对给定的插值条件可以通过一元三角 Lagrange 插值公式把 $P_i(x, y)$ 中的系数 $\alpha_k^{(i)}, \beta_k^{(i)}$ 求出来．因此根据上述公式 (2.23) 就可逐步地把所要找的插值多项式 $P(x, y)$ 求出来．显然它属于 $\mathbb{P}_{2n}$．

3）竖线型结点组 $\mathfrak{U}_{m,n}$ 上的插值算法

这种迭加插值法的构造是容易的，这只要将 $\mathbb{G}_i$（它是 (2.23) 中 P_i 所对应的空间）都取成是 y 的一元 n 次多项式的集合，取 $\mathfrak{U}_i$ 是第 i 条竖线上的所有结点，R_i 取成是第 $i-1$ 条竖直线，所求得的插值多项式显然属于 $\mathbb{P}_{m,n}$．

4）十字型结点组 $\mathfrak{B}_{n,n}$ 上的插值算法

采用 § 3 中的记号，在 (2.23) 中我们取 R_i 为第 $n+1-i$ 个十字 X_{n+1-i} 所满足的方程 $(i = 1, 2, \cdots, n)$，而取

$$
\begin{aligned}
P_i(x, y) = c^{(i)} + a_1^{(i)}x + \cdots + a_{n-i}^{(i)}x^{n-i} + b_1^{(i)}y \\
+ b_2^{(i)}y^2 + \cdots + b_{n-i}^{(i)}y^{n-i}.
\end{aligned}
$$

这时 (2.23) 变为

$$
\begin{aligned}
P(x, y) = P_0(x, y) &+ (x - x_n)(y - y_n) \\
&\cdot (P_1(x, y) + (x - x_{n-1})(y - y_{n-1}) \\
&\cdot (P_2(x, y) + \cdots + (x - x_1)(y - y_1) \\
&\cdot P_n(x, y))\underbrace{\cdots)}_{n-1\text{个}}.
\end{aligned}
$$

容易看出 $\mathfrak{B}_{n,n}$ 在十字 $X_{n-i} = R_{i+1}$ 上的所有结点（共 $2n - 2i + 1$ 个）是形如上述 $P_i(x, y)$ 的多项式所做成空间的适定结点组，而且对给定的插值条件我们可以用差商算法把 $P_i(x, y)$ 求出来．

因此根据上述公式，依次地应用 $X_n, X_{n-1}, \cdots, X_1$ 上的点和 q 点的插值条件，便可依次地定出 $P_0, P_1, \cdots, P_n$，所得到的插值多项式 $P(x, y)$ 显然属于 $\mathbf{P}_{n,n}$.

顺便指出，在计算中还可用其它形式的十字型迭加插值法。有兴趣的读者可参阅文献 [29] 和 [32].

§8. 二元切触插值问题

设 $P_1(x, y), P_2(x, y), \cdots, P_s(x, y)$ 是 s 个线性无关的二元代数多项式. 它们所支成的实线性空间记为 $\mathbf{P}$. 所谓二元切触插值问题，就是要从 $\mathbf{P}$ 中找一个多项式 $P(x, y)$，使之满足如下的条件：

$$D_{ikl}P(x, y) \equiv \frac{\partial^{k+l}}{\partial x^k \partial y^l} P(x, y)\big|_{(x_i, y_i)} = f_{ikl}, \tag{2.24}$$

$$(k, l) \in I_i, \quad i = 1, 2, \cdots, n.$$

其中 f_{ikl} 是预先任意选定的一组数；(x_i, y_i) $(i = 1, 2, \cdots, n)$ 是 O_{xy} 平面上互不相同的 n 个点；I_i 表示平面上有限个非负整点所做成的集合. D_{ikl} 称为插值泛函，而集合

$$\Xi = \{D_{ikl} | (k, l) \in I_i, \quad i = 1, 2, \cdots, n\}$$

称为插值泛函组. 满足条件 (2.24) 的多项式 $P(x, y)$ 称为插值多项式. 当插值空间 $\mathbf{P}$ 和插值泛函组 Ξ 都给定时，$P(x, y)$ 仅仅依赖于数组 f_{ikl}. 如果对任何的数组 f_{ikl} 而言，这样的 $P(x, y) \in \mathbf{P}$ 总能找到而且唯一；则称 Ξ 是 $\mathbf{P}$ 的适定插值泛函组，$\mathbf{P}$ 是 Ξ 的适定插值空间，而这种插值问题称为适定切触插值. 这时显然要求 Ξ 中元素的个数要与 $\mathbf{P}$ 的维数相等.

在本节中我们将介绍两种切触插值方法：切触迭加插值法和切触 Lagrange 方法.

8.1 切触迭加插值法

若给定了 r 个二元多项式空间 $\mathbf{P}_1, \mathbf{P}_2, \cdots, \mathbf{P}_r$ 和 r 个插值泛

函组 $\Xi_1, \Xi_2, \cdots, \Xi_r$, 满足如下两个条件:

i) Ξ_i 是 $\mathbf{P}_i$ 的适定插值泛函组;

ii) 当 $P(x,y) \in \mathbf{P}_i$ 时,对一切 $D \in \bigcup_{k=1}^{i-1} \Xi_k$ 都有 $DP(x,y) = 0$;

则我们就说给出了一个迭加插值算法. 若用 $P_1, P_2, \cdots, P_r$ 分别表示 $\mathbf{P}_1, \mathbf{P}_2, \cdots, \mathbf{P}_r$ 中多项式的一般表达式,则实现该算法就是利用被插函数在 $\Xi_1, \Xi_2, \cdots, \Xi_r$ 中泛函作用下的值来依次地定出表达式

$$P(x, y) = P_1(x, y) + P_2(x, y) + \cdots + P_r(x, y) \quad (2.25)$$

中的 $P_1(x, y)$, $P_2(x, y), \cdots, P_r(x, y)$, 所得的 $P(x, y)$ 就是所求的插值多项式.

关于迭加插值法不难证明有如下定理成立:

定理 4[36] 设 Ξ 是空间 $\mathbf{P}$ 的适定插值泛函组, 它被分成了 r 个彼此互不相交的组 $\Xi_1, \Xi_2, \cdots, \Xi_r$. 若对 $\Xi_1, \Xi_2, \cdots, \Xi_i$ $(i<r)$已选出了 i 个 $\mathbf{P}$ 的子空间 $\mathbf{P}_1, \mathbf{P}_2, \cdots, \mathbf{P}_i$ 满足条件 i) 和 ii); 那么,一定可以继续选出 $\mathbf{P}$ 的子空间 $\mathbf{P}_{i+1}, \mathbf{P}_{i+2}, \cdots, \mathbf{P}_r$, 而使 $\Xi_i, \mathbf{P}_i$ $(i = 1, 2, \cdots, r)$ 做成一个迭加插值法.

这个定理说明, 任何一个适定插值问题原则上都可用迭加插值法来实现.

通常考虑的切触插值问题的插值条件大部分都具有如下的形式

$$\begin{cases} D_{ikl}P(x, y) = f_{ikl}, \quad l = 0, 1, \cdots, l_k^{(i)}; \\ l_k^{(i)} \geqslant l_{k+1}^{(i)}; \ k = 0, 1, \cdots, k_i; \quad i = 1, 2, \cdots, n. \end{cases} \quad (2.26)$$

我们用 I_i 表示对于固定的 i (对应于插值结点 (x_i, y_i)) 所有的 (k, l) 的集合. 而将与其对应的那些插值泛函的集合记为 Θ_i. 那么,对于这种插值问题,我们可以用下列更简单的方式构造迭加插值法:

选取 $r+1$ 个其元素为二元多项式的线性空间 $\mathscr{Q}_0, \mathscr{Q}_1, \cdots, \mathscr{Q}_r$ 和加在 $r+1$ 个点组 $\mathfrak{U}_0, \mathfrak{U}_1, \cdots, \mathfrak{U}_r$ 上的插值泛函组 $\Xi_0, \Xi_1, \cdots,$

Ξ_r，以及 r 个二元多项式 $Q_1(x, y)$，$Q_2(x, y)$，$\cdots$，$Q_r(x, y)$，使之满足如下两个条件：

1° Ξ_j 是 $\mathscr{Q}_j$ 的适定插值泛函组；

2° 当 $D \in \Xi_j, v \leqslant j < i$ 时 $DQ_i = 0$；而 $\mathfrak{U}_i$ 中任何点都不在曲线 $Q_i(x, y) = 0$ 上.

这时我们就说是给定了一个迭加插值法.

设 $P_0(x,y)$，$P_1(x,y)$，$\cdots$，$P_r(x, y)$ 分别是 $\mathscr{Q}_0$，$\mathscr{Q}_1$，$\cdots$，$\mathscr{Q}_r$ 中元素的一般表达式(亦即关于基底线性组合的一般形式). 我们来考虑如下形式的多项式

$$P(x, y) = P_0 + Q_1P_1 + Q_2P_2 + \cdots + Q_rP_r. \tag{2.27}$$

实现该插值算法就是分别地根据被插函数在 Ξ_0，Ξ_1，$\cdots$，Ξ_r 的作用下的值来依次地定出 (2.27) 中的 P_0，P_1，$\cdots$，P_r，从而得到所求的插值多项式 $P(x, y)$. 这时我们有如下的定理：

定理 5[36] 对于插值问题 (2.26) 当条件 1° 和 2° 被满足时，形如 (2.27) 的插值多项式总可以构造出来.

证明 根据迭加插值法实现的过程，我们只须证明多项式空间

$$Q_i\mathscr{Q}_i = \{Q_iR \mid R(x, y) \in \mathscr{Q}_i\}$$

也是 Ξ_i 的适定插值空间. 设 P_i 具有形式

$$P_i(x, y) = \sum_{j=1}^{n_i} \sum_{(k,l)\in I_j} a_{jkl}L_{jkl}(x, y),$$

其中 n_i 是 $\mathfrak{U}_i$ 所含点数，而 L_{jkl} 是 $\mathscr{Q}_i$ 在 Ξ_i 上的插值基本多项式：

$$D_{j_1k_1l_1}L_{jkl} = \begin{cases} 0, & \text{当 } (j_1, k_1, l_1) \neq (j, k, l) \text{ 时}; \\ 1, & \text{当 } (j_1, k_1, l_1) = (j, k, l) \text{ 时}. \end{cases}$$

则我们只须证明，对任何数组 $g_{j_1k_1l_1}$ 而言方程组 (其未知数是 a_{jkl})

$$\begin{cases} D_{j_1k_1l_1}(Q_iP_i(x, y)) = g_{j_1k_1l_1}, \\ (k_1, l_1) \in I_{j_1}, \quad j_1 = 1, 2, \cdots, n_i \end{cases}$$

总有解. 为此，根据 L_{jkl} 的上述性质，只须证明对任何固定的 j_1，

方程组

$$D_{i_1k_1l_1}\left(Q_i\sum_{(k,l)\in I_{j_1}} a_{i_1kl}L_{i_1kl}(x, y)\right)=g_{i_1k_1l_1},\ (k_1, l_1)\in I_{j_1},$$

对任何的数组 $g_{j_1k_1l_1}$ 总有解。而这一点从 Leibnitz 微商公式以及插值问题(2.26)的切触条件的特点是容易看出的。证毕。

下面我们举出一个应用切触迭加插值法的例子。

在 O_{xy} 平面上任意划定 $m+1$ 条竖直线 $x=x_k$, $k=0,1,2,\cdots,m$. 在 $x=x_0$ 上取 $m+1$ 个点,在 $x=x_1$ 上取 m 个点,…,在 $x=x_m$ 上取一个点。在每条直线上所取的点中有而且仅有一个点要求直到 r 阶偏微商的切触条件（共有 $\frac{1}{2}(r+1)(r+2)$ 个条件),而在其余点处要求关于 x 和关于 y 都是 0 到 r 阶偏微商的切触条件(共 $(r+1)^2$ 个条件)。要求构造一个 $n=(m+1)r+m$ 次的多项式满足这些插值条件。

为了解决这个问题,运用迭加插值法,我们只须考虑如下形式的多项式

$$P(x, y)=\sum_{i=0}^{m}\prod_{k=0}^{i-1}(x-x_k)^{r+1}\sum_{j=0}^{r}(x-x_i)^jP_{ij}(y),\quad (2.28)$$

其中 $P_{ij}(y)$ 是 y 的 $[(m+1)r+m-i(r+1)-j]$ 次多项式的一般形式。读者不难看出,形如

$$\sum_{j=0}^{r}(x-x_i)^jP_{ij}(y)$$

的多项式所构成的空间是 $x=x_i$ 直线上的那些插值条件的适定插值空间。为定出 $P(x, y)$ 我们只须根据 $x=x_0$, $x=x_1$, $\cdots$, $x=x_m$ 上的插值条件来依次地定出 $P_{0j}(y)$, $P_{1j}(y)$, $\cdots$, $P_{mj}(y)$ 的系数。

8.2 切触 Lagrange 方法

构造切触插值公式的另一个一般方法就是推广的 Lagrange 方法。对于插值问题(2.24)而言,运用这个方法就是去找一串基

本多项式 $L_{ikl}(x, y)$ 使得

$$D_{ikl}L_{ikl}(x, y) = 1,$$

而在Ξ中其它的插值泛函的作用下 $L_{ikl}(x, y)$ 均转化为零，这时切触 Lagrange 插值公式为

$$P(x, y) = \sum_{i=1}^{n} \sum_{(k,l)\in I_i} \left(\frac{\partial^{k+l}}{\partial x^k \partial y^l} f(x_i, y_i) \right) L_{ikl}(x, y). \quad (2.29)$$

因此，构造这种插值公式的关键是求得这些基本多项式。

可用待定系数法来求这些基本多项式。比如说，我们要构造 $L_{ikl}(x, y)$ 这个多项式，先找一个多项式 $Q(x, y)$，使得它在Ξ中一部分泛函（这些泛函我们用 Ξ_1 来表示）作用下转化为零，在剩下的那部分泛函（$\Xi_2 = \Xi \backslash \Xi_1$）的作用下不取零值，而且 $D_{ikl} \in \Xi_2$。然后选 Ξ_2 的一个适定插值空间 $\mathscr{Q}_2$（设其元素的一般表达式为 $R(x, y)$）。所谓待定系数法就是根据插值条件

$$D_{i_1k_1l_1}(QR) = \begin{cases} 0, & 当\ (i_1, k_1, l_1) \neq (i, k, l), \\ 1, & 当\ (i_1, k_1, l_1) = (i, k, l)\ 时, \end{cases}$$

$$D_{i_1k_1l_1} \in \Xi_2,$$

来具体地定出多项式 $R(x, y)$。这时 QR 即为所求的 $L_{ikl}(x, y)$。用这种方法往往一下子就可把 Ξ_2 中插值泛函所对应的基本多项式全都求出来。

在利用这种待定系数法时，必须注意解的存在与唯一性问题。但当此处的 Ξ_2 是某个结点 (x_{i_0}, y_{i_0}) 上的所有插值条件（亦即 $\Xi_2 = \{D_{i_0,k,l} | (k, l) \in I_{i_0}\}$ 时，问题变得比较简单。我们有

定理 6 若对一切 $(k, l) \in I_{i_0}$，均有 $D_{i_0kl}Q \neq 0$，而且 $Q \cdot (x_{i_0}, y_{i_0}) \neq 0$；则 Ξ_2 是形如

$$P(x, y) = Q(x, y) \sum_{(k,l)\in I_{i_0}} c_{kl}(x - x_{i_0})^k (y - y_{i_0})^l \quad (2.30)$$

的多项式所做成的空间的适定插值泛函组。

该定理告诉我们，对应于 Ξ_2 中的每个插值泛函 D_{i_0kl} 的基本多项式 $L_{i_0kl}(x, y)$ 都可写成 (2.30) 的形式。其中 c_{kl} 是待定的系数，它可按 $k + l$ 由小到大的顺序依次地用插值条件确定出来。

特别当 Ξ_2 是插值问题 (2.26) 的那种插值泛函组，即当

$$\Xi_2=\{D_{i_0kl}\,|\,l=0,1,\cdots,l_k^{(i_0)};\ l_k^{(i_0)}\geqslant l_{k+1}^{(i_0)};\quad k=0,1,\cdots,k_{i_0}\}\tag{2.31}$$

时，定理 6 中仅假设 $Q(x_{i_0},y_{i_0})\neq 0$ 就足够了. 这时，$L_{i_0kl}(x,y)$ 可用更简便的方法求出. 设

$$\begin{aligned}L_{i_0kl}(x,y)&=Q(x,y)R(x,y)\\&=Q(x,y)\sum_{(\mu,\nu)\in I_{i_0}}c_{\mu\nu}(x-x_{i_0})^\mu(y-y_{i_0})^\nu,\end{aligned}$$

则根据二元 Taylor 展开公式我们有

$$c_{\mu\nu}=\frac{1}{\mu!\nu!}\cdot\frac{\partial^{\mu+\nu}}{\partial x^\mu\partial y^\nu}\left(\frac{L_{i_0kl}(x,y)}{Q(x,y)}\right)\Bigg|_{(x,y)=(x_{i_0},y_{i_0})}.$$

再根据 Leibnitz 微商公式和插值基本多项式的性质便知

$$\begin{aligned}c_{\mu\nu}&=\frac{1}{\mu!\nu!}\sum_{s=0}^{\mu}\sum_{t=0}^{\nu}\binom{\mu}{s}\binom{\nu}{t}\cdot\Bigg[\frac{\partial^{s+t}}{\partial x^s\partial y^t}(L_{i_0kl}(x,y))\\&\qquad\cdot\frac{\partial^{\mu+\nu-s-t}}{\partial x^{\mu-s}\partial y^{\nu-t}}\left(\frac{1}{Q(x,y)}\right)\Bigg]\Bigg|_{(x_{i_0},y_{i_0})}\\&=\begin{cases}0, & \text{当 } \mu<k \text{ 或 } \nu<l \text{ 时;}\\ \dfrac{1}{\mu!\nu!}\dbinom{\mu}{k}\dbinom{\nu}{l}\cdot\dfrac{\partial^{\mu+\nu-k-l}}{\partial x^{\mu-k}\partial y^{\nu-l}}\left(\dfrac{1}{Q(x,y)}\right)\Bigg|_{(x_{i_0},y_{i_0})}, & \\ & \text{当 } \mu\geqslant k \text{ 且 } \nu\geqslant l \text{ 时.}\end{cases}\end{aligned}$$

因此

$$\begin{aligned}L_{i_0kl}(x,y)&=\frac{(x-x_{i_0})^k(y-y_{i_0})^l}{k!\,l!}Q(x,y)\\&\quad\cdot\sum_{(k+s,l+t)\in I_{i_0}}\frac{\partial^{s+t}}{\partial x^s\partial y^t}\left(\frac{1}{Q(x,y)}\right)\Bigg|_{(x_{i_0},y_{i_0})}\\&\quad\cdot\frac{(x-x_{i_0})^s(y-y_{i_0})^t}{s!\,t!}.\end{aligned}\tag{2.32}$$

若进一步假定 $k_{i_0}=p$，而且 $l_0^{(i_0)}=l_1^{(i_0)}=\cdots=l_{k_{i_0}}^{(i_0)}=q$；则公式 (2.32) 变成

$$
\begin{aligned}
L_{i_0kl}(x,y) = & \frac{(x-x_{i_0})^k(y-y_{i_0})^l}{k!l!} Q(x,y) \\
& \cdot \sum_{s=0}^{p-k}\sum_{t=0}^{q-l}\left(\frac{\partial^{s+t}}{\partial x^s \partial y^t}\left(\frac{1}{Q(x,y)}\right)\Big|_{(x_{i_0},y_{i_0})}\right. \\
& \left.\cdot \frac{(x-x_{i_0})^s(y-y_{i_0})^t}{s!t!}\right) \\
= & \frac{(x-x_{i_0})^{p+1}(y-y_{i_0})^{q+1}}{p!q!} Q(x,y) \\
& \cdot \sum_{s=0}^{p-k}\sum_{t=0}^{q-l}\left\{\frac{\partial^{s+t}}{\partial x^s \partial y^t}\left(\frac{1}{Q(x,y)}\right)\Big|_{(x_{i_0},y_{i_0})}\right. \\
& \cdot \binom{p}{k}\binom{q}{l}\binom{p-k}{s}\binom{q-l}{t} \\
& \left.\cdot \frac{(p-k-s)!}{(x-x_{i_0})^{p-k-s+1}} \cdot \frac{(q-l-t)!}{(y-y_{i_0})^{q-l-t+1}}\right\}.
\end{aligned}
$$

再用一次 Leibnitz 微商公式便得

$$
\begin{aligned}
L_{i_0kl}(x,y) = & \frac{(x-x_{i_0})^{p+1}(y-y_{i_0})^{q+1}}{k!l!(p-k)!(q-l)!} Q(x,y) \\
& \cdot \frac{\partial^{p+q-k-l}}{\partial u^{p-k}\partial v^{q-l}}\left(\frac{1}{(x-u)(y-v)Q(u,v)}\right)_{(u,v)=(x_{i_0},y_{i_0})}.
\end{aligned}
\tag{2.33}
$$

例 假设给定了一个矩形格点网 (x_i, y_j), $i, j=1,2,\cdots,n$. 要构造一个关于 x 的次数和关于 y 的次数均不超过 $nk-1$ 的二元多项式 $P(x,y)$, 使之满足如下插值条件:

$$
\frac{\partial^{\mu+\nu}}{\partial x^\mu \partial y^\nu} P(x,y)\Big|_{(x,y)=(x_i,y_j)} = f_{ij\mu\nu},
$$

$$
i, j=1,2,\cdots,n;\ \mu,\nu=0,1,\cdots,k-1.
$$

根据 Lagrange 插值法,我们只需求公式

$$
P(x,y)=\sum_{i=1}^{n}\sum_{j=1}^{n}\sum_{\mu=0}^{k-1}\sum_{\nu=0}^{k-1} f_{ij\mu\nu}L_{ij\mu\nu}(x,y)
$$

中的基本多项式 $\{L_{ij\mu\nu}(x,y)\}$. 令

$$U(x)=(x-x_1)(x-x_2)\cdots(x-x_n).$$
$$V(y)=(y-y_1)(y-y_2)\cdots(y-y_m).$$

于是，当我们欲求在点 (x_i, y_j) 处插值条件所对应的基本多项式时，我们可以取

$$Q(x, y)=\left(\frac{U(x)V(y)}{(x-x_i)(y-y_j)}\right)^k.$$

由此，根据公式(2.33)，我们便得到了 $L_{ij\mu\nu}(x, y)$ 的表达式：

$$L_{ij\mu\nu}(x, y)=\frac{(x-x_i)^k(y-y_j)^k}{\mu!\nu!(k-\mu-1)!(k-\nu-1)!}$$
$$\cdot\frac{\partial^{2k-\mu-\nu-2}}{\partial u^{k-\mu-1}\partial v^{k-\nu-1}}\left(\frac{1}{(x-u)(y-v)Q(u, v)}\right)_{(u,v)=(x_i,y_j)}. \tag{2.34}$$

这就是 Ahlin 在文献[35]中所给出的公式.

§9. 二元插值的线性代数方法

如果插值结点的分布没有任何可供利用的规律，或者在插值结点处的插值条件采用更一般的插值泛函，则我们讲的方法都不便采用. 在这种情况下可采用线性代数方法.

9.1 求逆法

令 $z=(x, y)$，而 $P_0(z), P_1(z), \cdots, P_n(z)$ 是 $n+1$ 个线性无关的二元多项式. 设 $L_0, L_1, \cdots, L_n$ 是 $n+1$ 个线性算子(并不要求它们是彼此不同的). 而 $z_0, z_1, \cdots, z_n$ 是 O_{xy} 平面上的一组点(它们中也可以有相同者). 用 $f(z)$ 表示被插函数. 则二元插值问题就是寻求一个 $\{P_i\}$ 的线性组合

$$P=\sum_{i=0}^{n} a_iP_i,$$

使其满足如下的插值条件：

$$L_iP(z_i)=\sum_{j=0}^{n} a_j L_iP_j(z_i)=L_if(z_i),\quad i=0,1,\cdots,n. \tag{2.35}$$

我们将待定系数 $a_0, a_1, \cdots, a_n$ 取作未知数. 并记

$$[D]=\begin{pmatrix} L_0P_0(z_0) & L_0P_1(z_0) & \cdots & L_0P_n(z_0) \\ L_1P_0(z_1) & L_1P_1(z_1) & \cdots & L_1P_n(z_1) \\ \cdots & \cdots & \cdots & \cdots \\ L_nP_0(z_n) & L_nP_1(z_n) & \cdots & L_nP_n(z_n) \end{pmatrix},$$

$$\boldsymbol{a}=(a_0, a_1, \cdots, a_n)^T,$$

$$\boldsymbol{f}=(L_0f(z_0), L_1f(z_1), \cdots, L_nf(z_n))^T,$$

$$\boldsymbol{\phi}=(P_0(z), P_1(z), \cdots, P_n(z))^T.$$

这时方程组 (2.35) 可以简单地表示为

$$[D]\boldsymbol{a}=\boldsymbol{f}.$$

显然插值问题 (2.35) 有唯一解的充要条件是行列式

$$\det([D]) \neq 0. \tag{2.36}$$

若该条件成立，则可以求得矩阵 $[D]$ 的逆矩阵 $[D]^{-1}$. 从而得出

$$\boldsymbol{a}=[D]^{-1}\boldsymbol{f}.$$

于是我们就得到了一个二元插值公式

$$P(z)=(\boldsymbol{\phi})^T\boldsymbol{a}=(\boldsymbol{\phi})^T[D^{-1}]\boldsymbol{a}. \tag{2.37}$$

如果 $\det([D])=0$, 则我们必须重新选择基底函数 $\{P_i\}$ 或插值结点组 $\{z_i\}$. 有时虽然 $\det([D])\neq 0$, 但 $[D]$ 是病态矩阵. 这时为了克服在 $[D]$ 之求逆过程中的有效数字消失，我们可以通过如下的变换来计算 $P(z)$:

$$P(z)=(\boldsymbol{\phi})^T[B]([A][D][B])^{-1}[A]\boldsymbol{f},$$

其中矩阵 $[A]$ 和 $[B]$ 要选得适当，使得矩阵 $[A][D][B]$ 不再是病态的.

9.2 行列式法

为了推导借助行列式表达的插值公式，我们首先来证明如下的命题:

命题 若 $\det([D]) \neq 0$，则行列式方程

$$\Delta \equiv \begin{vmatrix} L_0P_0(z_0) & \cdots & L_0P_n(z_0) & L_0f(z_0) \\ & \cdots\cdots\cdots\cdots & & \\ L_nP_0(z_n) & \cdots & L_nP_n(z_n) & L_nf(z_n) \\ P_0(z) & \cdots & P_n(z) & P(z) \end{vmatrix} = 0 \tag{2.38}$$

所决定的函数 $P(z)$ 是插值问题 (2.35) 的解。

证明 我们用 $|[D]|$ 表示矩阵 $[D]$ 的行列式。用 $|[D^{(i)}]|$ 表示用行 $(P_0(z), P_1(z), \cdots, P_n(z))$ 去代替 $|[D]|$ 之第 $i+1$ 行所得到的行列式。于是我们将△按其最后一列展开便得

$$P(z) = \sum_{i=0}^{n} L_if(z_i) \cdot \frac{|[D^{(i)}]|}{|[D]|}. \tag{2.39}$$

由于

$$\frac{L_{i'}(|[D^{(i)}(z_{i'})]|)}{|[D]|} = \begin{cases} 1, & \text{当 } i' = i \text{ 时,} \\ 0, & \text{当 } i' \neq i \text{ 时,} \end{cases}$$

故

$$L_{i'}P(z_{i'}) = \sum_{i=0}^{n} L_if(z_i) \cdot \frac{L_{i'}(|[D^{(i)}(z_{i'})]|)}{|[D]|} = L_{i'}f(z_{i'}).$$

也就是说 $P(z)$ 满足插值条件 (2.35)。此外，若我们用 $|[D_j]|$ 表示由列向量 $(L_0f(z_0), L_1f(z_1), \cdots, L_nf(z_n))^T$ 代替 $|[D]|$ 之第 $j+1$ 列所得到的行列式 $(j = 0, 1, \cdots, n)$；那么当我们将△按最后一行展开时，便得到

$$P(z) = \sum_{j=0}^{n} \frac{|[D_j]|}{|[D]|} P_j(z). \tag{2.40}$$

这说明 $P(z)$ 确实是 $\{P_j(z)\}$ 之线性组合。这样一来，我们就证明了 $P(z)$ 是插值问题 (2.35) 之解。

显然，公式 (2.40) 就是方程组 (2.35) 的 Cramer 行列式形式的解，而公式 (2.39) 就是插值问题 (2.35) 之 Lagrange 形式的解。

另一方面，若 $L_i \equiv I$ $(i = 0, 1, \cdots, n)$，且 $P_0(x, y) \equiv 1$；

则式 (2.38) 可简单地缩写成

$$
\begin{aligned}
0 = \Delta &\equiv \begin{vmatrix} P_j(z_i) & f(z_i) \\ P_j(z) & P(z) \end{vmatrix} \\
&\equiv \begin{vmatrix} P_j(z_i) & f(z_i) \\ 0 & P(z) \end{vmatrix} + \begin{vmatrix} P_j(z_i) & f(z_i) \\ P_j(z) & 0 \end{vmatrix} \\
&\equiv \begin{vmatrix} P_j(z_i) & f(z_i) \\ 0 & P(z) \end{vmatrix} + \begin{vmatrix} P_j(z_i) - P_j(z) & f(z_i) \\ P_j(z) & 0 \end{vmatrix}.
\end{aligned}
$$

由于 $P_0 \equiv 1$，所以上述第二个行列式的第一列元素除了最后一个外全是零. 因此当按这一列将该行列式展开时，我们便导出了另一个二元插值公式:

$$P(z) = (|[D]|)^{-1}|f(z_i), P_j(z_i) - P_j(z)|. \tag{2.41}$$

该公式通过两个 $(n+1)$ 阶行列式之商将插值多项式表示出来.

当我们要计算的 $P(z)$ 值的数目较少时，显然公式 (2.41) 比公式 (2.37) 好. 因为计算几个行列式比计算同阶矩阵的逆的计算量要少得多. 但是，当要计算的 $P(z)$ 值的数目较多时，用公式 (2.41) 就不如用公式 (2.37) 好了.

9.3 矩阵变换法

如果我们所要求的不是插值多项式的解析表达式，而只是它在个别点 $z^{(1)}, z^{(2)}, \cdots, z^{(m)}$ 处的值；那么，我们可以通过某矩阵的列的简单变换而直接求得它们. 根据行列式方程 (2.38)，如果我们通过列的初等变换将最后一列中的 $L_i f(z_i)$ 均变为零(但最后一列不许乘除任何数)，则最后一列中的最后一个元素也必定变为零. 也就是说， 在这个变换过程中向该元素加了 $(-P(z))$ 这个数. 因此，如果在开始时我们把该元素取为 0，则在经过上述变换之后它就变换成 $(-P(z))$ 了. 同样，我们可以看出，如果将行列式Δ的最后一列的元素依次取成是 $-L_0 f(z_0), -L_1 f(z_1), \cdots, -L_n f(z_n), 0$；则经过这种列的加法变换之后，最后一列的最后一个元素就变为 $P(z)$ 了. 因此，如果我们对矩阵

$$
[A] \equiv \begin{pmatrix}
L_0P_0(z_0) & L_0P_1(z_0) & \cdots & L_0P_n(z_0) & -L_0f(z_0) \\
L_1P_0(z_1) & L_1P_1(z_1) & \cdots & L_1P_n(z_1) & -L_1f(z_1) \\
\cdots & \cdots & \cdots & \cdots & \cdots \\
L_nP_0(z_n) & L_nP_1(z_n) & \cdots & L_nP_n(z_n) & -L_nf(z_n) \\
P_0(z^{(1)}) & P_1(z^{(1)}) & \cdots & P_n(z^{(1)}) & 0 \\
P_0(z^{(2)}) & P_1(z^{(2)}) & \cdots & P_n(z^{(2)}) & 0 \\
\cdots & \cdots & \cdots & \cdots & \cdots \\
P_0(z^{(m)}) & P_1(z^{(m)}) & \cdots & P_n(z^{(m)}) & 0
\end{pmatrix}
\tag{2.42}
$$

作列的初等变换（但最后一列不许乘除任何数）而将最后一列的 $-L_if(z_i)$ 均变为零，则最后一列的第 $n+2, n+3, \cdots, n+m+1$ 个值依次为 $P(z^{(1)}), P(z^{(2)}), \cdots, P(z^{(m)})$. 在这里，消去 $-L_if\cdot(z_i)$ 的初等变换序列可以有多种选法. 下面我们来介绍一种所谓正交化方法，它是选择初等变换序列而消去 $-L_if(z_i)$ 的一种比较实用的方法.

用 $\boldsymbol{v}_i$ 表示矩阵 $[A]$ 之第 $i+1$ 列所做成的向量 $(i=0,1,\cdots,n+1)$. 而用 $\boldsymbol{v}_i$ 表示 $\boldsymbol{V}_i$ 的前 $n+1$ 个元素所做成的向量. 当 $\det([D]) \neq 0$ 时，我们可以将向量组 $\{\boldsymbol{v}_i\}$ 正交化如下:

$$
\begin{aligned}
&\boldsymbol{u}_0 = \boldsymbol{v}_0, \\
&\boldsymbol{u}_1 = \boldsymbol{v}_1 - a_{01}\boldsymbol{u}_0, \\
&\boldsymbol{u}_2 = \boldsymbol{v}_2 - a_{02}\boldsymbol{u}_0 - a_{12}\boldsymbol{u}_1, \\
&\cdots\cdots\cdots\cdots \\
&\boldsymbol{u}_n = \boldsymbol{v}_n - a_{0n}\boldsymbol{u}_0 - a_{1n}\boldsymbol{u}_1 - \cdots - a_{n-1,n}\boldsymbol{u}_{n-1}, \\
&\boldsymbol{u}_{n+1} = \boldsymbol{v}_{n+1} - a_{0,n+1}\boldsymbol{u}_0 - a_{1,n+1}\boldsymbol{u}_1 - \cdots - a_{n,n+1}\boldsymbol{u}_n,
\end{aligned}
$$

其中

$$
a_{jk} = (\boldsymbol{u}_j, \boldsymbol{v}_k)/(\boldsymbol{u}_j, \boldsymbol{u}_j). \tag{2.43}
$$

由于

$$
(\det([D]))^2 = (\boldsymbol{u}_0, \boldsymbol{u}_0)\cdot(\boldsymbol{u}_1, \boldsymbol{u}_1)\cdots(\boldsymbol{u}_n, \boldsymbol{u}_n),
$$

以及 $\det([D]) \neq 0$，故 (2.43) 中的分母不为零. 也就是说，正交化过程可以完成. 此外，由于 $\boldsymbol{u}_0, \boldsymbol{u}_1, \cdots, \boldsymbol{u}_n$ 做成 $(n+1)$ 维空

间的正交系，而 $\boldsymbol{u}_{n+1}$ 与它们中的每一个都直交，故必有 $\boldsymbol{u}_{n+1}=0$. 所以，如果我们对矩阵 A 进行如下的一串列的初等变换·

$$
\begin{aligned}
&\boldsymbol{U}_0=\boldsymbol{V}_0,\\
&\boldsymbol{U}_1=\boldsymbol{V}_1-a_{01}\boldsymbol{U}_0,\\
&\boldsymbol{U}_2=\boldsymbol{V}_2-a_{02}\boldsymbol{U}_0-a_{12}\boldsymbol{U}_1,\\
&\cdots\cdots\cdots\cdots\cdots\cdots\\
&\boldsymbol{U}_n=\boldsymbol{V}_n-a_{0n}\boldsymbol{U}_0-a_{1n}\boldsymbol{U}_1-\cdots-a_{n-1,n}\boldsymbol{U}_{n-1},\\
&\boldsymbol{U}_{n+1}=\boldsymbol{V}_{n+1}-a_{0,n+1}\boldsymbol{U}_0-a_{1,n+1}\boldsymbol{U}_1-\cdots-a_{n,n+1}\boldsymbol{U}_n,
\end{aligned}
\tag{2.44}
$$

我们就会将矩阵 $[A]$ 中的 $L_if(z_i)$ 消掉而求得 $P(z^{(1)})$, $P(z^{(2)}),\cdots,P(z^{(m)})$ 诸值.

上述利用矩阵变换来进行多元插值的方法是由 Milne 和他的同事在文献 [37] 中提出的. 在文献 [37] 中还考虑了这种方法在电子计算机上的具体实现问题.

§10. 二元插值的余项估计

为了知道插值逼近的准确程度，人们往往可以借助于被插函数的某些性质来估计插值余项. 这就是所谓余项估计的问题. 本节除了介绍应用 Rolle 定理估计余项的古典方法外，想重点介绍一下估计插值余项的 Kincaid 方法.

10.1 利用 Rolle 定理估计插值余项

由于一元 Newton 插值公式

$$
\begin{aligned}
f(x)=f(x_0)&+(x-x_0)f(x_0,x_1)+\cdots\\
&+(x-x_0)(x-x_1)\cdots(x-x_{n-1})f(x_0,\cdots,x_n)+r(x)
\end{aligned}
$$

中余项 $r(x)$ 具有 $n+1$ 个零点，$x_0, x_1, \cdots, x_n$，从而我们对 $r(x)$ 累次地应用 Rolle 定理便可知道，在包含 $x_0, x_1, \cdots, x_n$ 的最小区间内必有一数 ξ 使得

$$
f(x_0, x_1, \cdots, x_n)=\frac{f^{(n)}(\xi)}{n!}. \tag{2.45}
$$

将该公式应用于二元差商,便得

$$f(x_0, x_1, \cdots, x_m; y_0, y_1, \cdots, y_n) = \frac{1}{m!n!} \frac{\partial^{m+n}}{\partial x^m \partial y^n} f(\xi, \eta), \tag{2.46}$$

其中 ξ 在包含 $x_0, x_1, \cdots, x_m$ 的最小区间内,而 η 在包含 $y_0, y_1, \cdots, y_n$ 的最小区间内.

将公式 (2.46) 应用于 (2.11) 式,便得到余项估计式

$$r_1(x, y) = \frac{X_{m+1}}{(m+1)!} \frac{\partial^{m+1}}{\partial x^{m+1}} f(\xi; y) + \sum_{\nu=0}^{m} \frac{X_\nu Y_{n_\nu+1}}{\nu!(n_\nu+1)!} \frac{\partial^{\nu+n_\nu+1}}{\partial x^\nu \partial y^{n_\nu+1}} f(\xi_\nu; \eta_\nu). \tag{2.47}$$

将 (2.46) 应用于 (2.12) 中的余项 r_3,便得到估计式 (2.13). 同样地,若将公式 (2.46) 应用于余项表达式 (2.15),便可得到如下估计式:

$$r_3(x, y) = \frac{X_{m+1}}{(m+1)!} \frac{\partial^{m+1}}{\partial x^{m+1}} f(\xi; y) + \sum_{\nu=0}^{m} \frac{X_\nu Y_{m-\nu+1}}{\nu!(m-\nu+1)!} \frac{\partial^{m+1}}{\partial x^\nu \partial y^{m-\nu+1}} f(\xi_\nu; \eta_\nu). \tag{2.48}$$

10.2 估计余项的 Kincaid 方法[38]

我们仍用 $\mathbf{P}_n$ 表示所有次数不超过 n 的二元多项式所做成的空间. $\mathbf{P}_n$ 的维数是 $k = \frac{1}{2}(n+1)(n+2)$. 设 $P_1(x, y)$, $P_2(x, y), \cdots, P_k(x, y)$ 是它的一个基底. $\{L_i\}$ 是 k 个线性算子(可以有重复者), $\{(x_i, y_i)\}$ 是 k 个点(也可以有重复者). 并假定行列式

$$\begin{vmatrix} L_1P_1(x_1, y_1) & L_1P_2(x_1, y_1) & \cdots & L_1P_k(x_1, y_1) \\ L_2P_1(x_2, y_2) & L_2P_2(x_2, y_2) & \cdots & L_2P_k(x_2, y_2) \\ \cdots & \cdots & \cdots & \cdots \\ L_kP_1(x_k, y_k) & L_kP_2(x_k, y_k) & \cdots & L_kP_k(x_k, y_k) \end{vmatrix} \neq 0. \tag{2.49}$$

我们用 $f(x, y)$ 表示被插函数，用 $P(x, y)$ 表示 $\mathbf{P}_n$ 中满足插值条件

$$L_i P(x_i, y_i) = L_i f(x_i, y_i), \quad i = 1, 2, \cdots, k, \tag{2.50}$$

的插值多项式. 我们来估计余项

$$\varepsilon(x, y) = f(x, y) - P(x, y) \tag{2.51}$$

在 (z, w) 处的值 $\varepsilon(z, w)$.

假定 $f(x, y)$ 在包含点 (z, w) 和 k 个插值结点的某个凸区域上具有连续的 $n+1$ 阶偏微商. 这时可将 $\varepsilon(x, y)$ 作 Taylor 展开如下:

$$\varepsilon(x, y) = \sum_{\nu=0}^{n} \frac{1}{\nu!}\left[(x-z)\frac{\partial}{\partial x} + (y-w)\frac{\partial}{\partial y}\right]^{\nu} \varepsilon(z, w) + r_n(x, y, z, w), \tag{2.52}$$

其中

$$\begin{aligned} r_n(x, y, z, w) &= \frac{1}{n!}\int_0^1 (1-\theta)^n \left[(x-z)\frac{\partial}{\partial x} + (y-w)\frac{\partial}{\partial y}\right]^{n+1} \\ &\quad \cdot \varepsilon(\theta x - \theta z + z, \theta y - \theta w + w) d\theta \\ &= \frac{1}{(n+1)!}\left[(x-z)\frac{\partial}{\partial x} + (y-w)\frac{\partial}{\partial y}\right]^{n+1} \varepsilon(\xi, \eta), \end{aligned} \tag{2.53}$$

此处 (ξ, η) 在连接 (x, y) 和 (z, w) 两点的线段上.

由于 $P(x, y)$ 的 $n+1$ 阶偏微商为零,因而

$$\begin{aligned} r_n(x, y, z, w) &= \frac{1}{n!}\int_0^1 (1-\theta)^n \left[(x-z)\frac{\partial}{\partial x} + (y-w)\frac{\partial}{\partial y}\right]^{n+1} \\ &\quad \cdot f(\theta x - \theta z + z, \theta y - \theta w + w) d\theta. \end{aligned} \tag{2.54}$$

由 (2.50) 可知

$$L_i \varepsilon(x_i, y_i) = 0, \quad i = 1, 2, \cdots, k.$$

于是根据 (2.52) 便得到关系式

$$\varepsilon(z, w)L_i(1) + \sum_{\nu=1}^{n} \frac{1}{\nu!} L_i \left[(x_i - z)\frac{\partial}{\partial x} + (y_i - w)\frac{\partial}{\partial y}\right]^\nu \varepsilon(z, w) = -L_i r_n(x_i, y_i, z, w), \quad i = 1, 2, \cdots, k. \tag{2.55}$$

将上式看成是关于未知数 $\varepsilon(z, w)$, $\frac{\partial}{\partial x}\varepsilon(z, w)$, $\frac{\partial}{\partial y}\varepsilon(z, w)$, $\cdots$, $\frac{\partial^n}{\partial x^n}\varepsilon(z, w)$, $\frac{\partial^n}{\partial x^{n-1}\partial y}\varepsilon(z, w)$, $\cdots$, $\frac{\partial^n}{\partial y^n}\varepsilon(z, w)$ 的线代数方程组而解出 $\varepsilon(z, w)$, 便得到 (z, w) 点处的余项估计式.

关系式 (2.49) 决定了方程组 (2.55) 的解存在而且唯一. 然而具体地求得 $\varepsilon(z, w)$, 可以用 Cramer 行列式方法, 也可以从系数矩阵的最后一列开始对列向量用 Schmidt 直交化过程, 求得系数矩阵之逆的第一行, 从而得到 $\varepsilon(z, w)$ 的值. 在所得的估计式中, 含有 $-L_i r_n(x_i, y_i, z, w)$. 由于 L_i 是线性算子, 将它与积分号交换顺序便得

$$\begin{aligned} -L_i r_n(x_i, y_i, z, w) &= -L_i\left\{\frac{1}{n!}\int_0^1 (1-\theta)^n \cdot \left[(x-z)\frac{\partial}{\partial x} + (y-w)\frac{\partial}{\partial y}\right]^{n+1} \cdot f(\theta x - \theta z + z, \theta y - \theta w + w)d\theta\right\}_{(x,y)=(x_i,y_i)} \\ &= -\frac{1}{n!}\int_0^1 (1-\theta)^n L_i\left\{\left[(x-z)\frac{\partial}{\partial x} + (y-w)\frac{\partial}{\partial y}\right]^{n+1} \cdot f(\theta x - \theta z + z, \theta y - \theta w + w)\right\}d\theta\Big|_{(x,y)=(x_i,y_i)}. \end{aligned}$$

再根据中值定理便得

$$-L_i r_n(x_i, y_i, z, w) = -\frac{1}{(n+1)!} L_i\left\{\left[(x_i - z)\frac{\partial}{\partial x} + (y_i - w)\frac{\partial}{\partial y}\right]^{n+1}\right.$$

$$\cdot f(\theta x_i - \theta z + z, \theta y_i - \theta w + w)\Big\},$$

其中 $\theta \in [0,1]$. 这就是说，我们根据 $f(x,y)$ 的 $n+1$ 阶偏微商在算子 L_i 作用下在连接 (x_i, y_i) 和 (z, w) 的线段上的取值，可以估计 $\varepsilon(z, w)$ 的大小。

第三章　多元 Чебышев 逼近

设D是s维欧氏空间R^s中的有界闭区域. $P_1(x), P_2(x), \cdots, P_k(x)$ 是定义在D上的一组实值连续函数,它们是线性无关的,且$\mathbf{P}$是它们所支成的实线性空间.对于给定的D上的连续函数$f(x)$,我们求多项式 $P_0(x) \in \mathbf{P}$ 使得

$$\max_{x \in D} |f(x) - P_0(x)| = \inf_{P \in \mathscr{P}} \max_{x \in D} |f(x) - P(x)| = E.$$

这就是所谓 Чебышев 逼近问题. 其中 $P_0(x)$ 称为最佳逼近多项式, E 称为最佳逼近. 显然,如此的最佳逼近多项式总是存在的. 进一步,人们自然要问: 最佳逼近多项式是否唯一? 它有何特征? 怎样精确地或近似地求得它? 这就是本章所要讨论的问题.

§1. 多元最佳逼近的 Чебышев 定理

在本节中我们将给出交错点组的概念和多元逼近的 Чебышев 定理.

定义 1　当取D中的k个点 $x_1, x_2, \cdots, x_k$ 作为插值结点时,在$\mathbf{P}$中的插值恒存在而且唯一,则称这k个点是$\mathbf{P}$中插值的适定结点组. 简称为$\mathbf{P}$的适定结点组.

显然,点组 $x_1, x_2, \cdots, x_k$ 是$\mathbf{P}$的适定结点组的充要条件是行列式

$$\begin{vmatrix} P_1(x_1) & P_2(x_1) & \cdots & P_k(x_1) \\ P_1(x_2) & P_2(x_2) & \cdots & P_k(x_2) \\ \cdots & \cdots & \cdots & \cdots \\ P_1(x_k) & P_2(x_k) & \cdots & P_k(x_k) \end{vmatrix} \neq 0.$$

定义 2　点组 $x_1, x_2, \cdots, x_{p+1}$ $(p \leqslant k)$ 称为$\mathbf{P}$的不可插点

组，如果它不是$\mathbf{P}$的任何子空间的适定结点组，但是从中去掉任何一点之后都可作成$\mathbf{P}$的某子空间的适定结点组.

对于不可插点组我们有如下引理:

引理 1 有限点集 $\mathfrak{M}\subset D$ 若不是$\mathbf{P}$的任何子空间的适定结点组,则它必含有$\mathbf{P}$的一个不可插点组.

证明 如果 $\mathfrak{M}$ 本身就是一个不可插点组,则命题已证. 若$\mathfrak{M}$不是不可插点组，则根据不可插点组的定义，必可从 $\mathfrak{M}$ 中去掉一点而使剩下的点集$\mathfrak{M}_1$不是$\mathbf{P}$的任何子空间的适定结点组.再来看$\mathfrak{M}_1$ 是否是$\mathbf{P}$的不可插点组. 如果是,则命题已证;如果不是,则可按上述方法找 $\mathfrak{M}_2$. 一直做下去. 由于点数是有限的,而且可以把空集看作是$\mathbf{P}$的零维子空间的适定结点组,所以总能找到 $\mathfrak{M}_r$，它是$\mathbf{P}$的不可插点组. 命题得证.

基于不可插点组的概念,我们来给出交错点组的定义. 设 x_1, $x_2,\cdots,x_{p+1}$ 是$\mathbf{P}$的不可插点组. 则 $x_1, x_2,\cdots,x_p$ 便是$\mathbf{P}$的某子空间 $\mathbf{P}_1$ 的适定结点组. 设其在 $\mathbf{P}_1$ 中对应的 Lagrange 插值基本多项式分别是 $L_1(x), L_2(x), \cdots, L_p(x)$, 则向量 $(L_1(x_1), L_2(x_1), \cdots, L_p(x_1))^T, \cdots, (L_1(x_p), L_2(x_p), \cdots, L_p(x_p))^T$ 是线性无关的. 再加上一个向量 $(L_1(x_{p+1}), L_2(x_{p+1}),\cdots, L_p(x_{p+1}))^T$ 之后必定是线性相关的. 而且相关系数除了可以差一常数倍不计而外是唯一确定的. 我们不妨假设是 $\alpha_1, \alpha_2, \cdots, \alpha_{p+1}$. 于是便有

$$\alpha_1L_j(x_1) + \alpha_2L_j(x_2) + \cdots + \alpha_{p+1}L_j(x_{p+1}) = 0,$$
$$j = 1, 2, \cdots, p. \tag{3.1}$$

定义 3 使$\mathbf{P}$的不可插点组 $x_1, x_2,\cdots, x_{p+1}$ 中的每个点都相应地带上与 $\alpha_1, \alpha_2,\cdots, \alpha_{p+1}$ 相同的正负号之后，便作成$\mathbf{P}$的一个交错点组.

引理 2 设 $x_1, x_2,\cdots, x_{p+1}$ 是$\mathbf{P}$的不可插点组,而 $\alpha_1, \alpha_2,\cdots,\alpha_{p+1}$ 是满足 (3.1) 的一组数. 则对任何 $P(x)\in \mathbf{P}$ 都有

$$\alpha_1P(x_1) + \alpha_2P(x_2) + \cdots + \alpha_{p+1}P(x_{p+1}) = 0. \tag{3.2}$$

此外，如果另有一组不全为零的数 $\beta_1, \beta_2, \cdots, \beta_{p+1}$ 使得对任何 $P(x)\in \mathbf{P}$ 都有

$$\beta_1 P(x_1) + \beta_2 P(x_2) + \cdots + \beta_{p+1} P(x_{p+1}) = 0, \qquad (3.3)$$

则 $(\beta_1, \beta_2, \cdots, \beta_{p+1})$ 和 $(\alpha_1, \alpha_2, \cdots, \alpha_{p+1})$ 仅差一常数倍。

证明 设有 $Q(x) \in \mathbf{P}$ 不满足 (3.2). 则我们有

$$\alpha_1 Q(x_1) + \alpha_2 Q(x_2) + \cdots + \alpha_{p+1} Q(x_{p+1}) \neq 0.$$

也就是说向量 $(Q(x_1), Q(x^2), \cdots, Q(x_{p+1}))^T$ 与向量 $(\alpha_1, \alpha_2, \cdots, \alpha_{p+1})^T$ 不直交. 但是根据 (3.1), p 个线性无关的向量 $(L_j(x_1), L_j(x_2), \cdots, L_j(x_{p+1}))^T$ $(j = 1, 2, \cdots, p)$ 均与 $(\alpha_1, \alpha_2, \cdots, \alpha^{p+1})^T$ 直交. 所以这 p 个向量与向量 $(Q(x_1), Q(x_2), \cdots, Q(x_{p+1}))^T$ 线性无关. 也就是说 $x_1, x_2, \cdots, x_{p+1}$ 是 Q, L_1, L_2, $\cdots$, L_p 所支成的 $\mathbf{P}$ 的子空间的适定结点组. 这与假设 $x_1, x_2, \cdots, x_{p+1}$ 是 $\mathbf{P}$ 的不可插点组相矛盾. 故 (3.2) 式必对一切 $P(x) \in \mathbf{P}$ 均成立.

此外, 设有一组不全为零的数 $\beta_1, \beta_2, \cdots, \beta_{p+1}$ 使 (3.3) 成立, 而它并不和 $\alpha_1, \alpha_2, \cdots, \alpha_{p+1}$ 成比例. 这时我们可以将 (3.3) 乘以某数加到 (3.2) 式上去而消去某项 (不妨假定可以消去 α_1). 于是我们就得到, 对一切 $P(x) \in \mathbf{P}$ 而言,

$$r_2 P(x_2) + r_3 P(x_3) + \cdots + r_{p+1} P(x_{p+1}) = 0,$$

这显然与 $x_2, x_3, \ldots, x_{p+1}$ 是 $\mathbf{P}$ 的某子空间的适定结点组的事实相矛盾, 这就证明了引理的后一部分. 证毕.

从引理 2 的后一部分证明可以看出, (3.1) 式中的 $\alpha_1, \alpha_2, \cdots, \alpha_{p+1}$ 一定全不为零. 同时, 引理 2 还表明, 交错点组的符号由它所依赖的空间 $\mathbf{P}$ 与不可插点组所唯一确定, 如果全部变一次号不计的话. 这就是说定义 3 是合理的.

对于 $\mathbf{P}$ 中的任何一个多项式 $P(x)$, 我们称

$$\Delta = \max_{x \in D} |f(x) - P(x)|$$

是 $P(x)$ 与 $f(x)$ 的偏差. 设 $x_0 \in D$. 若 $f(x_0) - p(x_0) = \Delta$, 则说 x_0 是 p 的正偏离点. 同样, 若 $f(x_0) - P(x_0) = -\Delta$, 则说 x_0 是 P 的负偏离点. 正和负偏离点统称为偏离点. $P(x)$ 的所有偏离点作成的集合称为 $P(x)$ 的偏离点集. 为了证明 Чебышев 定

理，我们还需要如下的临界点集的概念：

定义 4 将D之任意两个彼此距离大于零的子集$\mathfrak{A}$和$\mathfrak{B}$分别规定为正点集和负点集．如果它们进一步满足如下条件则称$\mathfrak{A}\cup\mathfrak{B}$为$\mathbf{P}$的临界点集：即从$\mathbf{P}$中不能找到一个多项式$P(x)$使得当$x\in\overline{\mathfrak{A}}$时$P(x)>0$，当$x\in\overline{\mathfrak{B}}$时$P(x)<0$；但从$\mathfrak{A}$或$\mathfrak{B}$中去掉任何一点它们就不再具有这种性质．

根据熟知的 Zermelo 选择公理，我们不难得到如下引理：

引理 3 $P(x)\in\mathbf{P}$ 是 $f(x)$ 的最佳逼近多项式的充要条件是它的偏离点集中至少含有一个$\mathbf{P}$的临界点集．

为了说明交错点组与临界点集的关系，我们来证明下面的引理：

引理 4 不可插点组带上符号后作成$\mathbf{P}$的一个临界点集的充要条件是它能作成$\mathbf{P}$的一个交错点组．

证明 设$x_1, x_2, \cdots, x_{p+1}$是$\mathbf{P}$的不可插点组．将它中的点依次带上与$\alpha_1, \alpha_2, \cdots, \alpha_{p+1}$相同(或完全相反)的符号后，作成一个交错点组．显然该交错点组是$\mathbf{P}$的一个临界点集．因若不然，我们将能找到一个多项式$P(x)\in\mathbf{P}$，使$P(x_i)$与α_i同号 ($i=1, 2, \cdots, p+1$)，从而

$$\alpha_1P(x_1)+\alpha_2P(x_2)+\cdots+\alpha_{p+1}P(x_{p+1})>0.$$

这与恒等式 (3.2) 发生了矛盾．充分性得证．另一方面，如果我们不是将$x_1, x_2, \cdots, x_{+1}$带上与$\alpha_1, \alpha_2, \cdots, \alpha_{p+1}$完全相同（或完全相反)的符号，比如说，$x_{p+1}$处的符号与$\alpha_{p+1}$相反，而在其余点中的$q$个点$x_1, x_2, \cdots, x_q$处带上与$\alpha_1, \alpha_2, \cdots, \alpha_q$相同的符号；那么，显然多项式

$$Q(x)=\sum_{i=1}^{q}L_i(x)\cdot\operatorname{Sgn}\alpha_i \tag{3.4}$$

在$x_1, x_2, \cdots, x_q$处取与$\alpha_1, \alpha_2, \cdots, \alpha_q$相同的符号，在$x_{p+1}$处取与$\alpha_{p+1}$相反的符号，而在$x_{q+1}, x_{q+2}, \cdots, x_p$处取零值．这时，对充分小的$\varepsilon>0$，显然

$$Q(x) - \varepsilon \sum_{i=1}^{p} L_i(x) \cdot \mathrm{Sgn}\,\alpha_i \tag{3.5}$$

在 $x_1, x_2, \cdots, x_{p+1}$ 处取值的符号与那点处所带上的符号一致.因而,根据定义 4, 在这种命号之下不可插点组并不构成一个临界点集. 必要性得证.

现在我们来给出多元逼近的 Чебышев 定理:

定理 1[44] $P(x) \in \mathbb{P}$ 是D上连续函数 $f(x)$ 的最佳逼近多项式的充要条件是其偏离点集含有 $\mathbb{P}$ 的一个交错点组.

证明 为证该定理, 根据引理 3 和引理 4, 只需证明如下命题: $\mathbf{P}$ 的任何一个临界点集的全部点作成 $\mathbf{P}$ 的一个不可插点组. 我们用反证法证明这个命题.假若不然,设 $\mathbf{P}$ 的临界点集 $\mathfrak{A} \cup \mathfrak{B} = \mathfrak{C}$ 不作成一个不可插点组. 若 $\mathfrak{C}$ 是 $\mathbb{P}$ 的某子空间的适定结点组,则有对应的插值基本多项式 $L_1(x), L_2(x), \cdots, L_q(x)$ 存在. 这时若取 ε_i 与 x_i 点的偏离号相同,则多项式

$$\varepsilon_1 L_1(x) + \varepsilon_2 L_2(x) + \cdots + \varepsilon_q L_q(x) \tag{3.6}$$

在 $\mathfrak{C}$ 的每点处都取与偏离号相同的符号. 这与 $\mathfrak{C}$ 是临界点集的假定相矛盾. 因此, $\mathfrak{C}$ 不是 $\mathbb{P}$ 的任何子空间的适定结点组. 由假设及引理 1 可知,$\mathfrak{C}$ 一定含有一个 $\mathbb{P}$ 的不可插点组 $x_1, x_2, \cdots, x_r$, 并在这个不可插点组之外还至少含有一偏离点 x_0 (不妨设 x_0 是正偏离点). 现在我们造一个多项式 $Q(x) \in \mathbf{P}$, 使得 $Q(x_0) > 0$, 而 $Q(x)$ 在 $\mathfrak{C}$ 中其它的偏离点处或者为零或者取与偏离号相同的符号. 根据临界点集的定义, 一定存在 $\mathbf{P}$ 中的 r 个多项式 $S_1(x)$, $S_2(x), \cdots, S_r(x)$, 使得 $S_i(x)$ 在对应的 x_i 点处或者取零值或者取与该点的偏离符号相反的符号, 而在 $\mathfrak{C}$ 中其余的点处与偏离号相同. 特别,我们有

$$S_i(x_0) > 0, \quad i = 1, 2, \cdots, r.$$

若有某 i, $1 \leqslant i \leqslant r$, 使得 $S_i(x_i) = 0$, 则 $Q(x)$ 已经找到, 即取 $Q(x) = S_i(x)$. 设 $S_i(x_i) \neq 0$, $i = 1, 2, \cdots, r$. 我们将 $S_1(x)$ 依次乘以适当的正数 $\beta_2, \beta_3 \cdots, \beta_r$ 后分别加到 $S_2(x), S_3(x), \cdots$,

$S_r(x)$ 上去，而使得到的 $r-1$ 个多项式

$$\tilde{S}_i(x)=\beta_i S_1(x)+S_i(x),\quad i=2,3,\cdots,r, \tag{3.7}$$

在 x_1 点处都取零值. 令 $\tilde{S}_1(x)=S_1(x)$，则我们仍然有

$$\tilde{S}_i(x_0)>0,\quad i=1,2,\cdots,r.$$

若有某 i 使 $\tilde{S}_i(x_i)$ 为 0 或取与 x_i 点的偏离号相同的符号，则我们的 $Q(x)$ 已经找到，即取 $Q(x)=\tilde{S}_i(x)$. 若不然，我们再将 $\tilde{S}_2(x)$ 依次乘以适当的正数 $\tilde{\beta}_1,\tilde{\beta}_3,\tilde{\beta}_4,\cdots,\tilde{\beta}_r$ 分别加到 $\tilde{S}_1(x)$, $\tilde{S}_3(x),\cdots,\tilde{S}_r(x)$ 上去，而使所得的多项式在 x_2 处均取 0 值. 这样一直下去，一定会在某一步找到所要的 $Q(x)$. 因若每一步都不能找到如此的 $Q(x)$，那么最后一定会得 $\mathbf{P}$ 中的 r 个多项式 $T_1(x),T_2(x),\cdots,T_r(x)$，使得满足条件：

$$T_i(x_0)>0,\ T_i(x_i)\neq 0,\quad i=1,2,\cdots,r;$$
$$T_i(x_j)=0,\ \text{当}\ i\neq j,\ i,j=1,2,\cdots,r\ \text{时}.$$

这说明 $T_1(x),T_2(x),\cdots,T_r(x)$ 在分别乘以适当的常数之后便构成结点 $x_1,x_2,\cdots,x_r$ 上插值的基本多项式，这与 $x_1,x_2,\cdots,x_r$ 是不可插点组的事实发生了矛盾.

在另一方面，根据临界点集的定义，我们还可找到一个多项式 $P(x)$，使得 $P(x_0)\leqslant 0$，而 $P(x)$ 在 $\mathfrak{C}$ 中其它点附近取与那点偏离号相同的符号，也就是说

$$P(x)=\begin{cases}>0, & \text{当}\ x\in\overline{(\mathfrak{U}-x_0)}\ \text{时}\\ <0, & \text{当}\ x\in\overline{\mathfrak{B}}\ \text{时}\end{cases}$$

因此，如果我们取充分小的正数 $\varepsilon>0$，那么就有

$$Q(x)+\varepsilon P(x)=\begin{cases}>0, & \text{当}\ x\in\overline{\mathfrak{A}}\ \text{时}\\ <0, & \text{当}\ x\in\overline{\mathfrak{B}}\ \text{时}.\end{cases} \tag{3.8}$$

而这与 $\mathfrak{C}$ 是临界点集的假定相矛盾. 至此便证明了我们的定理.

在多元逼近的理论中，应该着重研究代数多项式逼近. 这一方面是由于得到的逼近多项式在实际计算中用起来非常方便，另一方面也是由于多项式有着比较好的性质，人们容易把握它，从而可以比较方便地求出或者描绘最佳逼近多项式. 下一节我们就来

研究二元多项式最佳逼近问题.

§2. 二元多项式最佳逼近的特征

设D是 Oxy 平面上的有界闭集. $f(x, y)$ 是 D 上的二元连续函数. $P_1(x), P_2(x), \cdots, P_n(x)$ 表示一组线性无关的二元代数多项式，它们所支成的实线性空间记为$\mathbf{P}$. 偏离点与偏离点集的定义如§1所述. 最佳逼近多项式所对应的偏离点集称为最佳逼近偏离点集.

在实际应用或者理论研究中，我们经常遇到的是具有如下性质的二元多项式空间（今后我们用$\mathbb{P}^*$表示这种空间）：即对任何$P(x, y) \in \mathbf{P}^*$，都可找到$\mathbb{P}^*$中的一个仅含奇重实根（实根是指平面解曲线)的多项式 $Q(x, y)$，使得 $P(x, y)$ 的每个奇重实根都是 $Q(x, y)$ 的一个奇重实根. 例如所有n次多项式作成的空间$\mathbf{P}_n$,以及所有关于x次数不超过m,关于y次数不超过n的多项式作成的空间 $\mathbf{P}_{m,n}$ 都是这种空间.

为了研究最佳逼近偏离点集的整体性质，我们将给出交错网格的定义. 为此我们需要先定义网格.

定义5 设Σ是 Oxy 平面上的一族互不相交的区域. 如果这些区域和它们的边界一起覆盖了整个平面,则称Σ是一个网格. 其中的每个区域称为格. 格数有限的网格称为有限网格.

根据代数曲线论（见文献[26]）中所阐明的结果不难证明下面的引理:

引理5 平面代数曲线分平面作成一个有限网格.

现在我们给出交错网格的定义

定义6 设代数曲线 $P(x, y) = 0$ 将平面分成为有限网格Σ. 我们定义Σ中每个格的符号（正号或负号）使以 $P(x, y) = 0$的偶重根的弧段为公共边界的两个区域符号相同，而使以 $P(x, y) = 0$ 的奇重根的弧段为公共边界的两个区域符号相反，这时我们就说是给定了一个对应于多项式 $P(x, y)$ 的一个交错网格，如

果 $P(x,y)\in\mathbb{P}$，则还说它是 $\mathbb{P}$ 中的一个交错网格.

对于交错网格我们来证明如下引理：

引理 6 对应于一个多项式的交错网格有而且仅有两个.

证明 设 $P(x,y)=0$ 分割整个平面作成网格 Σ. 利用代数曲线的知识不难证明，使 Σ 的每个格都带上与 $P(x,y)$ 相同的符号便可作成一个交错网格. 根据交错网格的定义，将它们全变一次号也同样作成一个交错网格. 此外，只要规定了 Σ 中的一个格的符号，按交错网格的定义，便可定义其相邻格的符号，进而可确定 Σ 中所有的格的符号. 但第一个格的符号只有正号和负号两种选择，所以对应 Σ 只可能有两个交错网格，引理得证.

基于上面的讨论，现在给出一般性的定理. 我们约定，如果 $\mathfrak{U}$ 和 $\mathfrak{B}$ 分别是正和负偏离点集，Σ 是 $\mathbb{P}$ 的一个交错网格，$\mathfrak{U}$ 中点均落在 Σ 的正格中，而 $\mathfrak{B}$ 中点均落在 Σ 的负格中，则说偏离点集 $\mathfrak{U}\cup\mathfrak{B}$ 能放入交错网格 Σ 中（或者说，Σ 所对应的代数曲线将正和负偏离点集分开）. 于是我们有

定理 2[44] 一个偏离点集作成 $\mathbb{P}$ 的一个最佳逼近偏离点集的充要条件是它不能放入 $\mathbb{P}$ 中的任何一个交错网格中.

证明 首先，如果该偏离点集能放入 $\mathbb{P}$ 中的代数曲线 $Q(x,y)=0$ 所对应的交错网格中，则我们可以用 $Q(x,y)$ 作修改多项式而使逼近变得比原来更好. 所以该偏离点集一定不是最佳逼近偏离点集. 必要性得证. 另一方面，若偏离点集不是 $\mathbb{P}$ 的最佳逼近偏离点集，则可找到一多项式 $P(x,y)\in\mathbb{P}$，使得 $P(x,y)$ 在正偏离点处取正值而在负偏离点处取负值；所以该偏离点集一定落入对应于多项式 $P(x,y)$ 的一个交错网格中、充分性得证.

对于前面所说的空间 $\mathbb{P}^*$，我们可以给出更简明的交错网格的定义，在定义交错网格的符号时不必考虑多项式根的重数.

定义 7 设 $\mathbb{P}^*$ 中的无偶重实根的曲线 $P(x,y)=0$ 将平面分为有限网格 Σ. 如果我们定义 Σ 中每个格的符号使相邻格的符号相反，则说给定了 $\mathbb{P}^*$ 中的对应于无偶重实根的多项式 $P(x,y)$ 的一个交错网格. 同时我们规定 $\mathbb{P}^*$ 中的交错网格都是用这种方

法给出的.

定理 3[44] 一个偏离点集能作成 $\mathbb{P}^*$ 的一个最佳逼近偏离点集的充要条件是它不能放入 $\mathbb{P}^*$ 中的任何一个交错网格中.

证明 必要性的证明与定理 2 完全类似. 下面来证充分性. 假设该偏离点集不是 $\mathbb{P}^*$ 的最佳逼近偏离点集，则可以找到一个多项式 $P(x, y) \in \mathbb{P}^*$ 使得 $P(x, y)$ 在该偏离点集的正偏离点处取正值而在负偏离点处取负值. 根据 $\mathbb{P}^*$ 的性质，对应于 $P(x, y)$ 可找到 $\mathbb{P}^*$ 中一个多项式 $Q(x, y)$，它和 $P(x, y)$ 有相同的奇重解曲线，而且 $Q(x, y)$ 的解曲线都是奇重的. 可见 $Q(x, y)$ 也是在正偏离点处取正值而在负偏离点处取负值. 所以该偏离点集落入 $\mathbb{P}^*$ 中的对应于无偶重实根多项式 $Q(x, y)$ 的一个交错网格中. 充分性得证.

作为应用定理 2 和定理 3 的例子，我们来考虑如下的线性空间 $\mathbb{P}^n_{A,B}$: 它是线性无关的二元多项式 A^n, $A^{n-1}B$, $A^{n-2}B^2, \cdots$, AB^{n-1}, B^n 所支成的实线性空间. 也就是说，要在形如

$$\alpha_0 A^n + \alpha_1 A^{n-1}B + \cdots + \alpha_{n-1}AB^{n-1} + \alpha_n B^n \tag{3.9}$$

的多项式中求某连续函数在有界闭集 D 上的最佳逼近多项式. 其中 A 和 B 是两个事先选定的二元多项式，曲线 $A(x, y) = 0$ 与曲线 $B(x, y) = 0$ 不相交.

对于空间 $\mathbb{P}^n_{A,B}$ 我们有定理 2 的如下推论:

推论 1 一偏离点集作成 $\mathbb{P}^n_{A,B}$ 的最佳逼近偏离点集的充要条件是它不能放入任何 n 条形如 $\alpha A(x, y) + \beta B(x, y) = 0$ 的互不相同的代数曲线所作成的交错带(交错网格)中，也就是说它不能被 n 条形如 $\alpha A(x, y) + \beta B(x, y) = 0$ 的代数曲线所分开. 特别是，如果在某条形如 $\alpha A(x, y) + \beta B(x, y) = 0$ 的曲线的弧段上既有正偏离点又有负偏离点，则该偏离点集是最佳逼近偏离点集.

在该推论中，如果取 $B(x, y) \equiv 1$，而取 $A(x, y)$ 是任意一个次数不超过 2 的二元多项式，则 $\mathbb{P}^n_{A,B}$ 还是一个 $\mathbb{P}^*$ 空间. 在这种情况下交错带具有很简单而直观的结构. 此外，对于带权多项

式逼近的情形，只要将正负偏离点的定义做适当的变动（见文献[39]），上述定理和推论仍然成立．这里我们就不仔细说明了．

在研究了二元多项式最佳逼近偏离点集的整体性质之后，现在我们来研究其交错点组的分布．由于理论研究和实际应用的考虑，下面我们着重研究空间 $\mathbf{P}_n$ 和 $\mathbf{P}_{m,n}$ 中的最佳逼近问题、根据定理 1，我们将有如下两个定理：

定理 4[44]　$P(x, y) \in \mathbf{P}_n$ 是某已知连续函数 $f(x, y)$ 在 $\mathbf{P}_n$ 中的最佳逼近多项式的充要条件是它的偏离点集中含有一个点数为 $p\left(n+2 \leqslant p \leqslant \frac{1}{2}(n+1)(n+2)+1\right)$ 的交错点组．

定理 5[44]　$P(x, y) \in \mathbf{P}_{m,n}$ 是某已知连续函数 $f(x, y)$ 在 $\mathbf{P}_{m,n}$ 中的最佳逼近多项式的充要条件是它的偏离点集中含有 $\mathbf{P}_{m,n}$ 的一个点数为 $p\,(\min(m+2, n+2) \leqslant p \leqslant (m+1)(n+1)+1)$ 的交错点组．

对于定理 4，显然任何一条直线上的 $n+2$ 个互不相同的点作成 $\mathbf{P}_n$ 的一个不可插点组．因而在适当地命号之后便可作成一个交错点组．对于定理 5，在任何一条竖直线上取 $n+2$ 个点或在任何一条水平线上取 $m+2$ 个点均可作成 $\mathbf{P}_{m,n}$ 的一个不可插点组，在适当的命号之下作成一个交错点组．

下面我们将针对多项式空间 $\mathbf{P}_1$, $\mathbf{P}_{1,1}$ 和 $\mathbf{P}_2$ 将定理 4 和定理 5 具体化，从而解决一次和二次 Чебышев 逼近问题．其中我们还要用到上面的定理 3．

对 $\mathbf{P}_1$ 中的逼近（亦即用形如 $ax+by+c$ 的多项式来逼近）而言，根据定理 4，它的交错点组只可能由三个点或四个点组成．对于三个点的情形，偏离点只可能按图 3.1 之 I 分布，即三个点在一条直线上而且以交错的符号排列．对于四个点的情形，它们首先应该作成一个不可插点组，所以它们中任何三点均不在一直线上．因此如果从中取三个点作一个三角形，则另一个点的位置仅有两种可能，即或者在三角形内或者在三角形外．这两种不可插点组所对应的交错点组分别表示于图 3.1 之 II 和 III．于是我

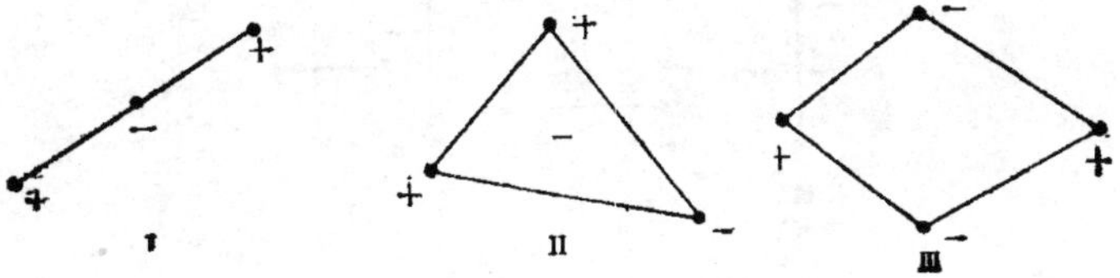

图 3.1

们得如下推论:

推论 2 $P(x,y)\in \mathbf{P}_1$ 是连续函数 $f(x,y)$ 在 $\mathbf{P}_1$ 中的最佳逼近多项式的充要条件是其偏离点集中含有一个形如图 3.1 的交错点组.

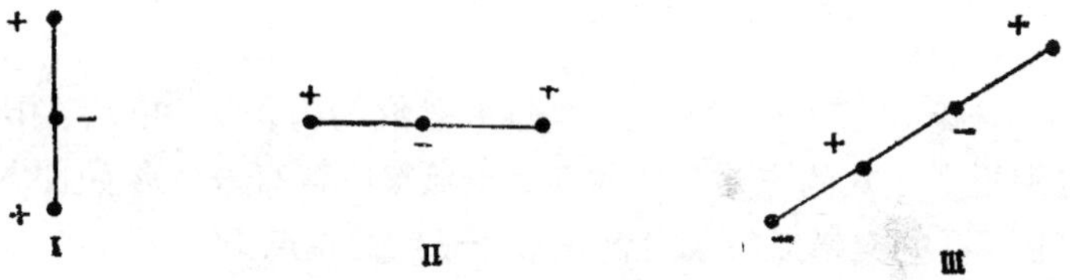

图 3.2

下面研究 $\mathbf{P}_{1,1}$ 中最佳逼近的交错点组.根据定理 5，其交错点组含点的个数最少是 3,最多是 5,对三点的情形,它的偏离点只可能全落在一条竖直线上或者全落在一条水平线上. 因此只能有图 3.2 之 I、II 两种情形. 对四点的情形,根据交错点组的定义,它首先应该作成一个不可插点组. 因此这四个点必在 $\mathbf{P}_{1,1}$ 中的一条曲线上. 也就是说,或者在一条斜线上，或者在一横竖直线对上,或者是在其渐近线与坐标轴平行的某双曲线上. 当四个点在一条斜线上时,只可能按图 3.2 之 III 的方式分布.在后两种情形,由于交错点组中任何三点不能在一条直线上，而且不能用一直线把交错点组的正负偏离点分开,因而这些交错点组还必须具有图 3.1 之 II 和 III 的形式. 在图 3.3 中我们具体地表示出了这些交错点组.利用定理 3 不难给出它们的证明. 最后对五点情形，我们可以通过

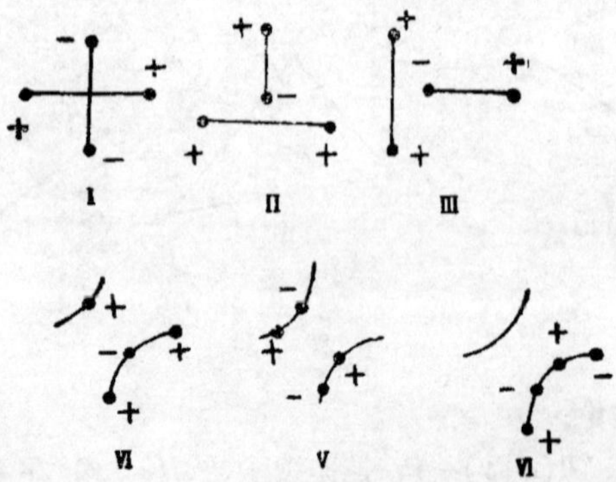

图 3.3

$\mathbf{P}_{1,1}$ 的适定结点组构造 $\mathbf{P}_{1,1}$ 的不可插点组，适当命号之后便作成一个五点交错点组．于是关于 $\mathbf{P}_{1,1}$ 中的最佳逼近问题，我们得到如下推论：

推论 3　$P(x, y)\in\mathbf{P}_{1,1}$ 是连续函数 $f(x, y)$ 在 $\mathbf{P}_{1,1}$ 中的最佳逼近多项式的充要条件是其偏离点集中含有一个形如图 3.2 或者图 3.3 的交错点组或者含有一个五点交错点组．

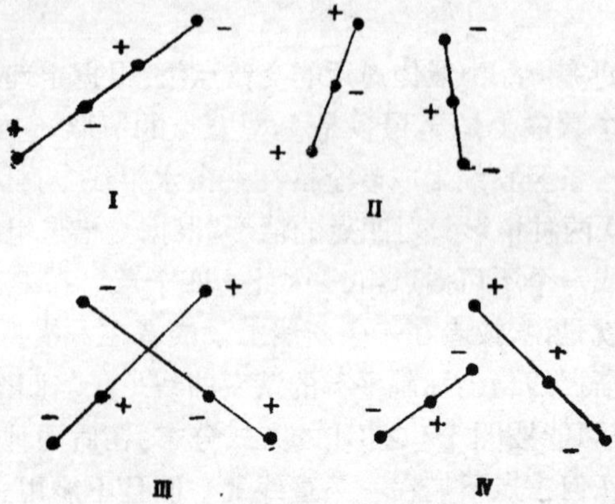

图 3.4

下面研究 $\mathbf{P}_2$ 中最佳逼近的交错点组．根据定理 4，$\mathbf{P}_2$ 的交错

点组含点的个数 k 最少是 4 最多是 7. 对 $k=4$ 的情形显然只有形如图 3.4 之 I 的交错点组. 而图 3.4 之 I 给出的偏离点组是一个交错点组，可以很容易地从如下事实看出：即二次不可约曲线与直线至多有两个交点.

接着我们证明 $\mathbf{P}_2$ 不存在五点交错点组. 首先，平面上任何五个点，如果它们中任何四个点都不共线，它们就一定是 $\mathbf{P}_2$ 的某个子空间的适定结点组. 这是因为，在这种情况下，我们再增加一个适当的点后就可作成第二章 § 3 所定义的直线型结点组 $\mathfrak{C}_2$，它是 $\mathbf{P}_2$ 的适定结点组. 从而原来的五个点一定是 $\mathbf{P}_2$ 的某子空间的适定结点组（实际上，这时 Lagrange 插值基本多项式已经可以找到）. 所以这五个点中必有四点在一条直线上，除此之外还有另外一点，但是我们去掉这另外一点后，剩下的四个点仍然是 $\mathbf{P}_2$ 的不可插点组. 根据不可插点组的定义，这五个点不能作成 $\mathbf{P}_2$ 的不可插点组. 所以说任何五个点都不能作成 $\mathbf{P}_2$ 的一个交错点组.

下面讨论 $k=6$ 的情形. 由于这六个点作成 $\mathbf{P}_2$ 的不可插点组，所以它们必在某条二次曲线上. 而且用类似上面对 $k=5$ 的情形的证法可以证明其中任何四个点都不共线. 因此当这六个点分布在两条直线上时，只能是每条直线上有三个点，而交点处没有这种点. 反过来，凡是在两条直线上这样分布的六个点，从中去掉任何一点后，根据对 $k=5$ 情形的证明，便作成 $\mathbf{P}_2$ 的某子空间的适定结点组. 所以这样的六个点作成一个不可插点组. 因而适当的命号之后便作成 $\mathbf{P}_2$ 的交错点组. 经过分析后不难看到，这种交错点组只有图 3.4 之 II，III 和 IV 所示的三种情况. 这三种格式给出的偏离点组都是不能用二次曲线分开的，根据定理 3（同时注意它们都是不可插点组）便可证明它们都是 $\mathbf{P}_2$ 的交错点组. 由于交错点组由不可插点组唯一确定，所以对于这样分布的六个点不可能有其它类型的交错点组了.

对于六个点分布在二次不可约曲线上的情形，我们有图 3.5 所示的六种交错点组. 和上面的讨论一样，不难证明如此方式分布的六个点确实作成 $\mathbf{P}_2$ 的不可插点组. 在适当地命号之下便作成 $\mathbf{P}_2$

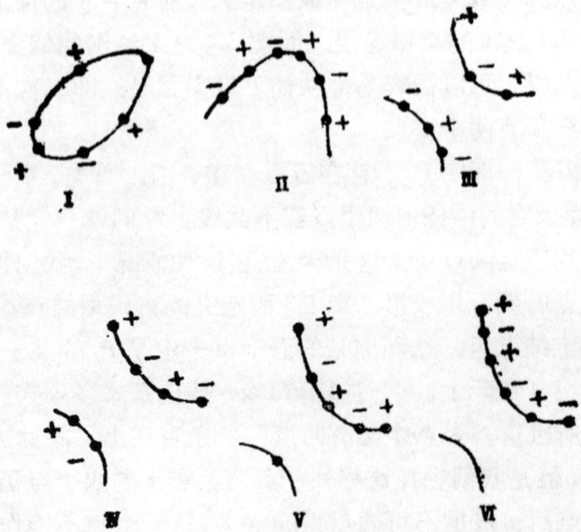

图 3.5

的交错点组．但在其余的命号方式之下它们均可被两条直线所分开，也就是说可以放人 P_2 中的交错网格中，从而不能作成交错点组．从图 3.5 之 III, IV, V, VI 还可看出，分布在双曲线上的交错点组沿着渐近线方向交错变号．

最后我们来讨论 $k=7$ 的情形．从第二章 § 3 我们已经知道，每个二次插值的适定结点组都可用“添加直线法”和“添加弧线法”构造出来． 而 P_2 的七点不可插点组可以在 P_2 的适定结点组的基础上构造出来．其方法是：对于给定的适定结点组（它共有六个点），我们通过它的每五个点都作一条二次曲线，而在这些二次曲线之外任选一点． 这样得到的七个点便作成 P_2 的一个不可插点组． 适当命号之后便作成 P_2 的七点交错点组．而且 P_2 的所有的七点交错点组都可用这种办法构造出来．

由上面的讨论，现在我们可以给出有关二次最佳逼近的推论．

推论 4 $P(x, y)\in P_2$ 是连续函数 $f(x, y)$ 在 P_2 中的最佳逼近多项式的充要条件是其偏离点集中含有一个形如图 3.4 或者图

5 的交错点组，或者含有一个七点交错点组.

§3. 多元 Чебышев 逼近的唯一性

设 D 是 s 维欧氏空间 $\mathbb{R}^s$ 中的有界闭集. D 中的元素用 x 表示. $\mathbf{E}(D)$ 表示 D 上所有连续实值函数所作成的空间. 在 $\mathbf{E}(D)$ 中 k 个线性无关的函数 $P_1(x), P_2(x), \cdots, P_k(x)$ 所支成的 k 维子空间记为 $\mathbf{P}$. 所谓多元最佳逼近的唯一性问题，就是讨论满足方程

$$\max_{x \in D}|f(x) - P_0(x)| = \inf_{P \in \mathbb{P}} \max_{x \in D}|f(x) - P(x)| \quad (3.10)$$

的 $P_0(x) \in \mathbf{P}$ 在怎样的情况下唯一的问题. 本节将对连续函数类 $\mathbf{E}(D)$ 建立多元最佳逼近唯一性的一般理论.

定义 8 若偏离点集 $\mathfrak{C}$ 是有限个 $\mathbb{P}$ 的交错点组的并，并且含有 $\mathbf{P}$ 的一个适定结点组，而它的任何真子集所含的所有交错点组的并都不含有 $\mathbf{P}$ 的适定结点组，则说偏离点集 $\mathfrak{C}$ 是 $\mathbf{P}$ 的一个唯一交错点组.

在这个定义中涉及到(在下面也将遇到)两个偏离点集取并集的问题. 这个运算是这样进行的: 正(负)偏离点集与正(负)偏离点集取并，作为整个并集的正(负)偏离点集. 如果得到的正和负偏离点集之交非空，则我们认为取并运算不能进行.

定义 9 具有如下性质的偏离点集称为唯一临界点集: 对任何连续函数 $f(x) \in \mathbf{E}(D)$ 它都能保证最佳逼近唯一(也就是说，只要它是某连续函数 $f(x)$ 的最佳逼近偏离点集，那么 $f(x)$ 的最佳逼近多项式就一定唯一)，然而它的任何真子集都不具有这一性质.

根据 Zermelo 选择公理不难证明如下引理:

引理 7 一个偏离点集对任何连续函数而言都能保证最佳逼近唯一的充要条件是它包含一个唯一临界点集.

为了给出关于最佳逼近唯一性的一般定理，我们首先证明如

下三个引理:

引理 8 设 $\mathfrak{U}$ 是一个偏离点集，如果能找到 $\mathbf{P}$ 中的一个非零多项式 $P(x)$，使得它在 $\mathfrak{U}$ 中的每个点处或者取零值或者取与该点偏离号相同的符号；那么，偏离点集 $\mathfrak{U}$ 不能保证对任何连续函数而言最佳逼近唯一.

证明 设 $\mathfrak{U}$ 是连续函数 $f(x)\in \mathbf{E}(D)$ 在 $\mathbf{P}$ 中的最佳逼近多项式 $H(x)$ 的偏离点集，它具有假设所要求的性质. 下面我们来构造一个函数 $W(x)\in \mathbf{E}(D)$，它的最佳逼近偏离点集包含 $\mathfrak{U}$，但是它的最佳逼近多项式不唯一. 设函数

$$r(x)=f(x)-H(x) \tag{3.11}$$

的绝对值在 D 上的上确界是 E. 则我们有

$$r(x)=\pm E,\quad 当\ x\in \mathfrak{U}\ 时. \tag{3.12}$$

在引理中我们不妨假设当 $x\in D$ 时 $|P(x)|\leqslant E$. 现在我们来定义一个新的函数 $Q(x)$:

$$Q(x)=\begin{cases}E, & 当\ x\in D_1=\{x\in D\,|\,r(x)+P(x)\geqslant E\};\\ -E, & 当\ x\in D_2=\{x\in D\,|\,r(x)+P(x)\leqslant -E\};\\ r(x)+P(x), & 当\ x\in D/(D_1\cup D_2).\end{cases} \tag{3.13}$$

显然 $Q(x)$ 是 D 上的一个连续函数. $|Q(x)|\leqslant E$. 同时，由 (3.11) 和 (3.13) 可知，当 $x\in D_1$ 时 $P(x)\geqslant 0$，而当 $x\in D_2$ 时 $P(x)\leqslant 0$. 对 $|Q(x)-P(x)|$ 我们有如下估计

$$|Q(x)-P(x)|=\begin{cases}|E-P(x)|\leqslant E, & 当\ x\in D_1;\\ |-E-P(x)|\leqslant E, & 当\ x\in D_2;\\ |r(x)|\leqslant E, & 当\ x\in D/(D_1\cup D_2).\end{cases} \tag{3.14}$$

但是，由 (3.13) 可知，$Q(x)$ 在 $\mathfrak{U}$ 中的正偏离点处取值 E 而在 $\mathfrak{U}$ 中的负偏离点处取值 $-E$. 因而 $H(x)$ 必是函数 $W(x)=Q(x)+H(x)$ 的最佳逼近多项式. 另一方面，根据式 (3.14) 知道，

$$|W(x)-(H(x)+P(x))|=|Q(x)-P(x)|\leqslant E,当\ x\in D. \tag{3.15}$$

所以 $H(x)+P(x)$ 也是 $W(x)$ 的最佳逼近多项式. 这说明偏

离点集 $\mathfrak{U}$ 不能保证逼近函数 $W(x)$ 时最佳逼近的唯一性。引理得证。

引理 9 唯一临界点集是有限点集。

证明 用反证法. 假若不然，设唯一临界点集 $\mathfrak{U}$ 是一无穷点集. 则由于D是有界闭集，$\mathfrak{U}$ 必有一聚点 x_0，且有 $\mathfrak{U}$ 中点列 $\{x_l\}$ 使得

$$\lim_{l\to+\infty} x_l = x_0 \in D.$$

根据唯一临界点集的定义,一定存在$\mathbf{P}$中的一串多项式$\{P^{(l)}(x)\}$,

$$P^{(l)}(x) = \alpha_1^{(l)}P_1(x) + \alpha_2^{(l)}P_2(x) + \cdots + \alpha_k^{(l)}P_k(x), \quad (3.16)$$

使得 $P^{(l)}(x)$ 在 x_l 处的符号与偏离符号相反而在 $\mathfrak{U}$ 中的其它点处或者取 0 值或者取与偏离号相同的符号. 而且我们还可以要求

$$\sum_{i=1}^{k} (\alpha_i^{(l)})^2 = 1.$$

这时我们从叙列 $\{(\alpha_1^{(l)}, \alpha_2^{(l)}, \cdots, \alpha_k^{(l)})\}$ 中必能找到一个收敛的子叙列:

$$(\alpha_1^{(m_l)}, \alpha_2^{(m_l)}, \cdots, \alpha_k^{(m_l)}) \to (\alpha_1, \alpha_2, \cdots, \alpha_k), \quad 当\ l\to\infty. \quad (3.17)$$

故 $\{P^{(m_l)}(x)\}$ 一致地收敛于 $\mathbf{P}$ 中的一个非零多项式

$$P(x) = \alpha_1P_1(x) + \alpha_2P_2(x) + \cdots + \alpha_kP_k(x). \quad (3.18)$$

显然 $P(x)$ 在 $\mathfrak{U}$ 中的每点处或者取零值或者取与该点偏离号相同的符号. 根据引理 8,$\mathfrak{U}$ 不能保证对任何连续函数而言最佳逼近唯一,这与唯一临界点集的定义相矛盾. 引理得证.

引理 10 若有限偏离点集 $\mathfrak{U}$ 中的所有 $\mathbf{P}$ 的交错点组的并 $\mathfrak{B}$ 不含 $\mathbf{P}$ 的适定结点组，而且 $\mathfrak{U}/\mathfrak{B} = \mathfrak{F}$ 非空；则可找到 $\mathbf{P}$ 中的一个多项式 $P(x)$，使得 $P(x)$ 在 $\mathfrak{B}$ 中的点上或者为零或者与该点的偏离符号相同，而 $P(x)$ 在 $\mathfrak{F}$ 中的点上的符号均与那点的偏离号相同.

证明 由于 $\mathfrak{U}$ 是有限点集，它只可能含有有限个交错点组，我们只需对 $\mathfrak{U}$ 所含的交错点组的个数 m 用数学归纳法证明.

首先对 $m=0$，命题显然为真. 今假设对 $m\leqslant l$ 命题为真，而

来证明对 $m = l + 1$ 命题也真．今从 $\mathfrak{B}$ 中任取一交错点组 $\mathfrak{B}_1 = \{x_1, x_2, \cdots, x_{p+1}\}$．当我们从 $\mathfrak{U}$ 中去掉 x_1 这一点后它就不再含 $\mathfrak{B}_1$ 这个交错点组了．这时它最多能含 l 个交错点组．由归纳假定，必可找到 $\mathbf{P}$ 中的一个多项式 $S_1(x)$，它在除 x_1 外的 $\mathfrak{B}$ 中的点上或者取零值或者与该点的偏离号相同，而在 $\mathfrak{F}$ 中的每点处取与该点偏离号相同的符号．若 $S_1(x)$ 在 x_1 处取同该点偏离号的符号或取零值，则命题已证．我们假设 $S_1(x)$ 在 x_1 处取号与该点偏离号相反．同理，对 $x_2, x_3, \cdots, x_{p+1}$ 我们也可以构造类似的 $S_2(x)$，$S_3(x), \cdots, S_{p+1}(x)$．这时我们用本章 §1 定理 1 的证明中所采用的方法，注意到 $\mathfrak{B}_1$ 的不可插性，便可求得一个多项式 $P(x) \in \mathbf{P}$，它在 $\mathfrak{B}$ 中的点上或者为零或者取与偏离号相同的符号，而在 $\mathfrak{F}$ 中的点上取与偏离号相同的符号．引理证毕．

现在我们给出关于最佳逼近唯一性的一般定理．

定理 6[45] 一偏离点集对任何连续函数而言都能保证最佳逼近唯一的充要条件是它含有的一个唯一交错点组．

证明 先证充分性．设 $\mathfrak{U}$ 是 $f(x) \in \mathbf{E}(D)$ 在 $\mathbf{P}$ 中的最佳逼近多项式 $P(x)$ 的偏离点集，它包含一个唯一交错点组 $\mathfrak{B}$．这时若另有一多项式 $Q(x) \in \mathbf{P}$ 也是 $f(x)$ 的最佳逼近多项式，则 $P(x) - Q(x)$ 必在 $\mathfrak{B}$ 中的每点处取零值．但 $\mathfrak{B}$ 含有 $\mathbf{P}$ 的一个适定结点组，故必有 $P(x) - Q(x) \equiv 0$，亦即 $P(x) \equiv Q(x)$．这说明最佳逼近多项式唯一．充分性得证．

下面来证必要性，根据引理 7，我们只需证明 $\mathbf{P}$ 的任何一个唯一临界点集一定含有 $\mathbf{P}$ 的一个唯一交错点组．设 $\mathfrak{U}$ 是 $\mathbf{P}$ 的一个唯一临界点集．根据引理 9，它一定是一个有限点集．我们用 $\mathfrak{B}$ 来表示 $\mathfrak{U}$ 所含的所有 $\mathbf{P}$ 的交错点组之并．若 $\mathfrak{B}$ 含有 $\mathbf{P}$ 的一个适定结点组，则根据唯一交错点组的定义，必能从 $\mathfrak{B}$ 中去掉某几个点而使之作成 $\mathbf{P}$ 的一个唯一交错点组．也就是说 $\mathfrak{U}$ 包含一个唯一交错点组．若 $\mathfrak{B}$ 不含 $\mathbf{P}$ 的适定结点组且有 $x_0 \in \mathfrak{U}$ 使 $x_0 \notin \mathfrak{B}$，则根据引理 10 和引理 8，$\mathfrak{U}$ 不能保证对任何连续函数而言最佳逼近唯一．这与 $\mathfrak{U}$ 是唯一临界点集的假设相矛盾．若 $\mathfrak{B}$ 不含 $\mathbf{P}$ 的适定

结点组但 $\mathfrak{U}=\mathfrak{B}$,则 $\mathfrak{U}$ 一定在 $\mathbf{P}$ 中的一条曲线上．根据引理 8，这也要与 $\mathfrak{U}$ 是唯一临界点集的假设相矛盾．因此 $\mathfrak{B}$ 一定含有 $\mathbf{P}$ 的一个适定结点组．也就是说，$\mathfrak{U}$ 一定含有 $\mathbf{P}$ 的一个唯一交错点组，必要性得证．定理证毕．

利用该定理可证如下的 Haar 定理(参见文献 [40])：

定理 7 对任何函数 $f(x)\in \mathbf{E}(D)$ 而言，$\mathbf{P}$ 中的最佳逼近都唯一的充要条件是：对 D 中任何互不相同的 k 个点 $x_1, x_2, \cdots, x_k$ 均成立着不等式

$$\begin{vmatrix} P_1(x_1) & P_2(x_1) & \cdots & P_k(x_1) \\ P_1(x_2) & P_2(x_2) & \cdots & P_k(x_2) \\ \cdots & \cdots & \cdots & \cdots \\ P_1(x_k) & P_2(x_k) & \cdots & P_k(x_k) \end{vmatrix} \neq 0. \tag{3.19}$$

证明 必要性的证明是简单的，只要构造一个反例即可（见 Ахизер 的文献 [41]）．在此我们只证明充分性．假定对于 D 中任何 k 个互不相同的点 (3.19) 都成立，那么 D 中所含的 $\mathbf{P}$ 的不可插点组只有一种：即 $k+1$ 点不可插点组．从而用 $\mathbf{P}$ 中的多项式去最佳逼近 $f(x)\in \mathbf{E}(D)$ 时，其交错点组只可能是 $k+1$ 点交错点组．再根据 §1 中定理 1，$f(x)$ 的最佳逼近偏离点集中必含有这种交错点组．显然这种交错点组也是唯一交错点组．根据上述定理 6，最佳逼近必唯一充分性得证．

§4. 二元多项式最佳逼近的唯一性

下面我们根据上述的一般性理论来具体地研究二元多项式最佳逼近的唯一性问题．

首先我们讨论一次多项式最佳逼近的唯一性问题．§2 中推论 2 已经指出了 $\mathbf{P}_1$ 的所有交错点组．根据唯一交错点组的定义我们不难看出，$\mathbf{P}_1$ 的唯一交错点组不外乎图 3.6 所示的五种形式．因此我们有如下定理：

定理 8[45] 平面上一偏离点集对任何连续函数而言都能保证

二元一次最佳逼近唯一的充要条件是它含有一个形如图 3.6 的唯一交错点组.

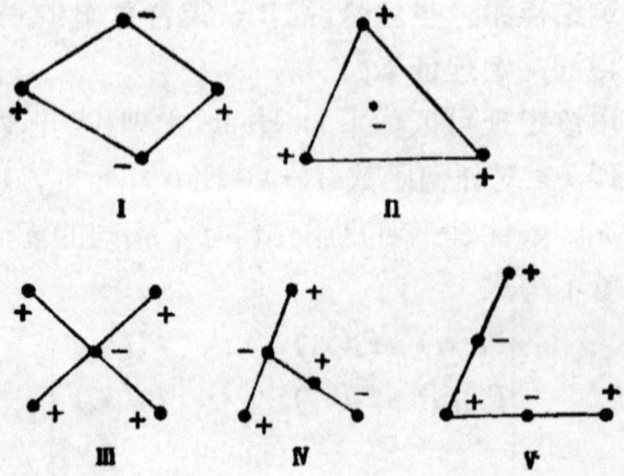

图 3.6

接着我们来讨论 $P_{1,1}$ 中最佳逼近的唯一性问题. 在 §2 推论 3 中我们已经指出了 $P_{1,1}$ 的所有交错点组. 根据唯一交错点组的定义我们不难看出，$P_{1,1}$ 的唯一交错点组共有下列三种情形:

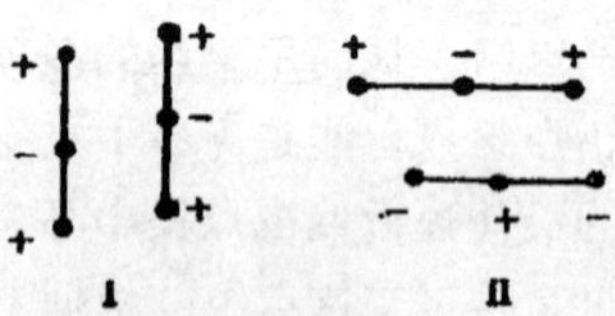

图 3.7

1）五点交错点组.

2）由两个三点交错点组构成的唯一交错点组（见图 3.7).

3）一个四点交错点组再加上一个三点或四点交错点组(要求它们的并含有 $P_{1,1}$ 的一个适定结点组）所构成的唯一交错点组. 图 3.8 给出了这种唯一交错点组的例子.

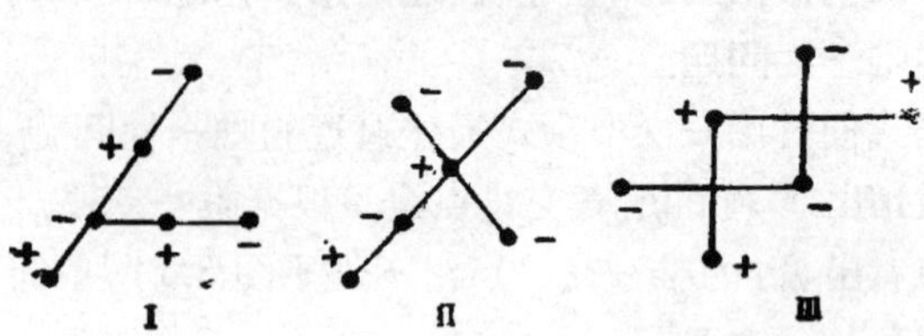

图 3.8

于是我们得到了如下的定理:

定理 9[45] 平面上一偏离点集对任何连续函数而言都能保证 $P_{1,1}$ 中的最佳逼近唯一的充要条件是:或者它含有 $P_{1,1}$ 的一个五点交错点组;或者它含有形如图 3.7 的唯一交错点组;或者它含有一个四点交错点组 $\mathfrak{U}$ 和另一个三点或四点交错点组 $\mathfrak{B}$,而 $\mathfrak{B}$ 中至少有一点不在通过 $\mathfrak{U}$ 的所有点的那条 $P_{1,1}$ 中的曲线上.

现在我们讨论 P_2 中最佳逼近的唯一性问题. 在 §2 推论 4 中我们曾指出,P_2 的交错点组共有三种:四点组、六点组和七点组,七点交错点组可以保证最佳逼近唯一. 因此我们只需来研究由四点交错点组和六点交错点组所构成的唯一交错点组. 可以严格证明,纯粹由四点交错点组构成的唯一交错点组刚好含有三个四点交错点组(也就是说,它是由三个四点交错点组取并而产生的),其中每两个都有一个公共点,而这种公共点恰有三个. 满足这种要求的唯一交错点组共有 15 种分布方式. 在图 3.9 中我们举出了其中的三种. 其余的均可类似地构造出来. 另一方面,含有六点交错点组的唯一交错点组按如下方式组成:一个六点交错点组 $\mathfrak{U}$ 和另一个四点或六点交错点组 $\mathfrak{B}$ 取并集,但是要求 $\mathfrak{B}$ 中点不全在通过 $\mathfrak{U}$ 的二次曲线上. 于是我们就得到了如下的定理:

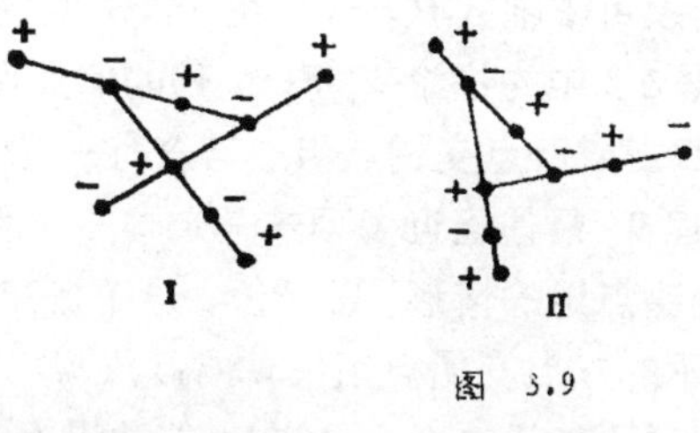

图 3.9

定理 10[45] 平面上一偏离点集对任何连续函数而言都能保证 P_2 中的最佳逼近唯一的充要条件是:或者它含有 P_2 的一个七点交错点组;或者它含有一个由两两相交的三个四点交错点组所组成的唯一交错点组(见图 3.9);或者它含有一个六点交错点组 $\mathfrak{U}$ 和另一个四点或六点交错点组 $\mathfrak{B}$,而 $\mathfrak{B}$ 中的点不全落在通过 $\mathfrak{U}$ 的二次曲线上.

对一般的 $\mathbf{P}_{m,n}$ 我们也可以指出它的两类唯一交错点组. 一类是由 $m+1$ 个互相平行的 $\mathbf{P}_{m,n}$ 的 $n+2$ 点交错点组（它们分别在 $m+1$ 条不同的竖直线上）所组成. 另一类是由 $n+1$ 个互相平行的 $\mathbf{P}_{m,n}$ 的 $m+2$ 点交错点组（它们分别在 $n+1$ 条不同的横直线上)所组成. 根据唯一交错点组的定义不难证明,它们确实都是唯一交错点组.

对于用二元一次多项式逼近连续可微函数的情形, L. Collatz 在文献 [42] 中给出了如下的定理:

定理 11 严格凸的平面区域上的二元连续可微函数在 $\mathbf{P}_1$ 中的最佳逼近唯一.

只要用一下 §2 中推论 2,该定理的证明是很容易的. 下面我们想进一步应用 §2 中的推论 3 和推论 4 来给出连续可微函数在 $\mathbf{P}_{1,1}$ 和 $\mathbf{P}_2$ 中最佳逼近的唯一性定理.

设 S 是 Oxy 平面上的一个具有光滑边界的严格凸区域，它的边界同渐近线平行于二坐标轴的双曲线的单支最多能相切于三个点. 这时我们有

定理 12[45] 连续可微函数在 S 上用 $\mathbf{P}_{1,1}$ 中的多项式逼近时，最佳逼近唯一.

证明 设 S 上的连续可微函数 $f(x, y)$ 在 $\mathbf{P}_{1,1}$ 中的最佳逼近多项式是 $P(x, y)$. 根据 §2 中的推论 3, $P(x, y)$的偏离点集必含有一个 $\mathbf{P}_{1,1}$ 的三点或四点或五点交错点组. 若含有一个五点交错点组,则根据上面定理 9, 最佳逼近多项式一定唯一. 所以只需考虑含有三点或四点交错点组的情形. 设 $P(x, y)$ 的偏离点集含有 §2 中图 3.2 之 I 所示的三点交错点组 $(x_0, y_1), (x_0, y_2), (x_0, y_3)$, 而且 $y_1 < y_2 < y_3$ (不妨设 (x_0, y_1) 在 S 的边界上). 由于 S 是严格凸的,所以 (x_0, y_2) 必是区域之内点，而且直线 $x = x_0$ 与 S 的边界不相切. 设 $Q(x, y) \in \mathbf{P}_{1,1}$ 是 $f(x, y)$ 在 S 上的另一个最佳逼近多项式，而 $R(x, y) = P(x, y) - Q(x, y)$. 显然有

$$R(x_0, y_2) = \frac{\partial}{\partial x} R(x_0, y_2) = \frac{\partial}{\partial y} R(x_0, y_2) = 0. \quad (3.20)$$

因而

$$R(x, y) = c(x - x_0)(y - y_0). \quad (3.21)$$

另一方面，由于 $f(x, y) - P(x, y)$ 与 $f(x, y) - Q(x, y)$ 均沿着区域的边界在 (x_0, y_1) 处取极值，所以它们沿着该点的切线方向(其倾角用 θ 表示)的方向导数为 0. 因此 $R(x, y)$ 在 (x_0, y_1) 点的切线方向导数为 0，亦即

$$c(y_0 - y_2)\cos\theta + c(x_0 - x_0)\sin\theta = 0. \quad (3.22)$$

由于直线 $x = x_0$ 不与边界相切，所以 $\cos\theta \neq 0$. 故 $c = 0$，亦即 $R(x, y) \equiv 0$，$Q(x, y) \equiv P(x, y)$. 这说明最佳逼近唯一. 用类似的方法可以证明，当 $P(x, y)$ 的偏离点集含有 § 2 图 3.2 和图 3.3 中所示的其它类型的交错点组时，最佳逼近也是唯一的. 定理得证.

设 T 是平面上的任意凸区域，$P(x, y)$ 是连续可微函数 $f(x, y)$ 在 $\mathbf{P}_2$ 中在 T 上的最佳逼近多项式. 则由 § 2 中推论 4 可以证明如下的定理:

定理 13[45] 若 $P(x, y)$ 的偏离点集所含的所有交错点组的并既不全在一条直线上，也不全在 T 的边界上，则 $f(x, y)$ 在 T 上的二次最佳逼近多项式是唯一的.

§ 5. 某些二维区域上的最小零偏差多项式

我们用 $\mathbf{P}_n$ 表示所有次数不超过 n 的二元实系数多项式所作成的空间，用 $\mathbf{P}_{m,n}$ 表示所有关于 x 的次数不超过 m 关于 y 的次数不超过 n 的二元实系数多项式所作成的空间. 若 D 是平面上的一个有界闭区域，而 $P(x, y)$ 是 $x^m y^n$ 在 $\mathbf{P}_{m+n-1}$ 中在 D 上的最佳逼近多项式，则我们称 $x^m y^n - P(x, y)$ 是 $x^m y^n$ 在 D 上的最小零偏差多项式，而称

$$e = \max_{(x,y)\in D} |x^m y^n - P(x, y)| \quad (3.23)$$

为最小零偏差. 此外，在下面的定理叙述中，对任何 a, 总约定

$\prod_{i=1}^{0} a_i = 1$.

首先，我们给出矩形区域 $A = [-1 \leqslant x, y \leqslant 1]$ 上的最小零偏差多项式。

定理 14[46] 对于任何非负整数 m 和 n，

$$A_{m,n}(x,y) = \prod_{i=1}^{m}\left(x + \cos\frac{2i-1}{2m}\pi\right)\prod_{j=1}^{n}\left(y + \cos\frac{2j-1}{2n}\pi\right) \tag{3.24}$$

是 $x^m y^n$ 在矩形 A 上的最小零偏差多项式。其最小零偏差是 $\min(2^{-m-n+2}, 1)$。

证明 不难看出，$A_{m,n}(x, y)$ 的偏离点集为

$$\mathfrak{E} = \left\{(x_i, y_j) = \left(-\cos\frac{i\pi}{m}, -\cos\frac{j\pi}{n}\right),\right.$$

$$\left. i = 0, 1, \cdots, m;\ j = 0, 1, \cdots, n\right\}.$$

同时，我们知道，

$$\Delta = \begin{vmatrix} 1, x_0, x_0^2, \cdots, x_0^m, y_0, x_0y_0, \cdots, x_0^m y_0, \cdots, \\ \quad y_0^n, x_0y_0^n, \cdots, x_0^m y_0^n \\ 1, x_0, x_0^2, \cdots, x_0^m, y_1, x_0y_1, \cdots, x_0^m y_1, \cdots, \\ \quad y_1^n, x_0y_1^n, \cdots, x_0^m y_1^n \\ \cdots\cdots\cdots\cdots\cdots \\ 1, x_0, x_0^2, \cdots, x_0^m, y_n, x_0y_n, \cdots, x_0^m y_n, \cdots, \\ \quad y_n^n, x_0y_n^n, \cdots, x_0^m y_n^n \\ \cdots\cdots\cdots\cdots\cdots \\ 1, x_m, x_m^2, \cdots, x_m^m, y_0, x_my_0, \cdots, x_m^m y_0, \cdots, \\ \quad y_0^n, x_my_0^n, \cdots, x_m^m y_0^n \\ 1, x_m, x_m^2, \cdots, x_m^m, y_1, x_my_1, \cdots, x_m^m y_1, \cdots, \\ \quad y_1^n, x_my_1^n, \cdots, x_m^m y_1^n \\ \cdots\cdots\cdots\cdots\cdots \\ 1, x_m, x_m^2, \cdots, x_m^m, y_n, x_my_n, \cdots, x_m^m y_n, \cdots, \\ \quad y_n^n, x_my_n^n, \cdots, x_m^m y_n^n \end{vmatrix}$$

$$= c \prod_{0\leq i<j\leq m} (x_i - x_j)^{n+1} \prod_{0\leq k<l\leq n} (y_k - y_l)^{m+1}, \qquad (3.25)$$

其中 c 是非零常数．显然 Δ 是自变数 $x_0, x_1, \cdots, x_m, y_0, y_1, \cdots, y_n$ 之 $\frac{1}{2}(m+n)(m+1)(n+1)$ 次多项式．如果将 Δ 的最后一列取成是 $x^i y^j (i+j \leq m+n-1)$ 在矩形网点 $\mathfrak{E}$ 上的值，则按照行列式的性质（从一行减去另一行的运算不改变行列式的值），该行列式具有和(3.25)式右端相同的因式．也就是说它能被(3.25)式的右端所整除．然而这时该行列式仅是自变数 $x_0, x_1, \cdots, x_m, y_0, y_1, \cdots, y_n$ 之 $\frac{1}{2}(m+n)(m+1)(n+1) - m + i - n + j < \frac{1}{2}(m+n)(m+1)(n+1)$ 次多项式．故该行列式恒为零．由此可知矩阵

$$\begin{pmatrix}
1, x_0, y_0, x_0^2, x_0y_0, y_0^2, \cdots, x_0^{m+n-1}, x_0^{m+n-2}y_0, \cdots, y_0^{m+n-1} \\
1, x_0, y_1, x_0^2, x_0y_1, y_1^2, \cdots, x_0^{m+n-1}, x_0^{m+n-2}y_1, \cdots, y_1^{m+n-1} \\
\cdots\cdots\cdots\cdots\cdots\cdots \\
1, x_0, y_n, x_0^2, x_0y_n, y_n^2, \cdots, x_0^{m+n-1}, x_0^{m+n-2}y_n, \cdots, y_n^{m+n-1} \\
\cdots\cdots\cdots\cdots\cdots\cdots \\
1, x_m, y_0, x_m^2, x_my_0, y_0^2, \cdots, x_m^{m+n-1}, x_m^{m+n-2}y_0, \cdots, y_0^{m+n-1} \\
1, x_m, y_1, x_m^2, x_my_1, y_1^2, \cdots, x_m^{m+n-1}, x_m^{m+n-2}y_1, \cdots, y_1^{m+n-1} \\
\cdots\cdots\cdots\cdots\cdots \\
1, x_m, y_n, x_m^2, x_my_n, y_n^2, \cdots, x_m^{m+n-1}, x_m^{m+n-2}y_n, \cdots, y_n^{m+n-1}
\end{pmatrix} \qquad (3.26)$$

的秩小于 $(m+1)(n+1)$．因此 $\mathfrak{E}$ 不是 $\mathbf{P}_{m+n-1}$ 的任何子空间的适定结点组．根据§1中引理1，它必包含 $\mathbf{P}_{m+n-1}$ 的一个不可插点组．而对这不可插点组适当命号便作成 $\mathbf{P}_{m+n-1}$ 的一个交错点组．不难证明，偏离点集 $\mathfrak{E}$ 是 $\mathbf{P}_{m,n}$ 中所有不带 $x^m y^n$ 项的多项式所作成的空间的交错点组（见文献[43]）．因而，根据不可插点组的定义，从 $\mathfrak{E}$ 中去掉任何一点后它就是该空间的某子空间的适定结点组，更是 $\mathbf{P}_{m+n-1}$ 的某子空间的适定结点组．也就是说，从 $\mathfrak{E}$ 中去掉任何一点后就不能作成 $\mathbf{P}_{m+n-1}$ 的交错点组了．因此

偏离点集 $\mathfrak{E}$ 必是 P_{m+n-1} 的交错点组。根据§1中定理1便知 $x^m y^n - A_{m,n}(x, y)$ 是 $x^m y^n$ 在 P_{m+n-1} 中的最佳逼近多项式。于是我们就证明了 $A_{m,n}(x, y)$ 是 $x^m y^n$ 在矩形 A 上的最小零偏差多项式。而定理中第二句话之成立是显然的。定理证毕。

下面我们给出三角形区域 $B = [x \geqslant -1, y \geqslant -1, x + y \leqslant 0]$ 上的最小零偏差多项式。

定理 15[46] 对于任何非负整数 m 和 n,

$$B_{m,n}(x,y) = \prod_{i=1}^{m}\left(x + \cos\frac{2i-1}{2(m+n)}\pi\right) \cdot \prod_{j=1}^{n}\left(y + \cos\frac{2j-1}{2(m+n)}\pi\right) \tag{3.27}$$

是 $x^m y^n$ 在 B 上的最小零偏差多项式。对应的最小零偏差是 $\min(2^{-m-n+1}, 1)$。

证明 首先,我们记

$$x_i = -\cos\frac{2i-1}{2(m+n)}\pi, \quad y_j = -\cos\frac{2j-1}{2(m+n)}\pi.$$

用 D 表示矩形 $[-1 \leqslant x \leqslant x_m, -1 \leqslant y \leqslant y_m]$, $F = B/D$。显然 $|B_{m,n}(x, y)|$ 在 F 上的最大值都在斜边 $x + y = 0$ 上达到。下面我们不妨假设 $m \leqslant n$,考察 $|B_{m,n}(x, y)|$ 在 D 上取值的大小。对任意给定的 $(x, y) \in D$, 不妨设 $x_k < x < x_{k+1}$。当 $k + 1 \leqslant i \leqslant m$ 时我们有

$$\begin{aligned} x_i - x < x_i - x_k &= \cos\frac{2k-1}{2(m+n)}\pi - \cos\frac{2i-1}{2(m+n)}\pi \\ &< \cos\frac{2m+2k-2i+1}{2(m+n)}\pi \\ &\quad - \cos\frac{2m+1}{2(m+n)}\pi \\ &= x_{m+1} - x_{m+k-i+1}. \end{aligned} \tag{3.28}$$

故

$$\left|\prod_{i=k+1}^{m}(x-x_i)\right| \leqslant \left|\prod_{i=k+1}^{m}(x_{m+1}-x_i)\right|.$$

另一方面，显然有

$$\left|\prod_{i=1}^{k}(x-x_i)\right| \leqslant \left|\prod_{i=1}^{k}(x_{m+1}-x_i)\right|.$$

因此，对任何 $(x, y)\in D$ 都有

$$|B_{m,n}(x, y)| \leqslant |B_{m,n}(x_{m+1}, y)|. \tag{3.29}$$

从而 $|B_{m,n}(x, y)|$ 在D上的值不超过在斜边上的最大值．总之，$|B_{m,n}(x, y)$ 在斜边上取到最大值．然而，沿着斜边 $x+y=0$，我们有

$$\begin{aligned} B_{m,n}(x, y) &= B_{m,n}(-y, y) = \pm \prod_{i=1}^{m+n}(y-y_i) \\ &= \pm 2^{-m-n+1}\cos[(m+n)\arccos y]. \end{aligned} \tag{3.30}$$

可见 $B_{m,n}(x, y)$ 在点组

$$\left(-\cos\frac{j\pi}{m+n}, \cos\frac{j\pi}{m+n}\right), \quad j=0, 1, \cdots, m+n, \tag{3.31}$$

上达到最大偏差，而且依次变号．所以这$m+n+1$个点作成P_{m+n-1}的一个交错点组（见§2中定理4）．从而 $B_{m,n}(x, y)$ 是 x^my^n 在 B 上的最小零偏差多项式，而其最小零偏差为 $\min\cdot(2^{-m-n+1}, 1)$．证毕．

现在我们来讨论圆域上的最小零偏差多项式．用C表示圆域 $x^2+y^2\leqslant 1$．我们有

定理 16[46]　对于任何非负整数m和n，

$$\begin{aligned} C_{m,n}(x, y) = &\prod_{i=1}^{m}\left(x+\sin\frac{2i-m-1}{2(m+n)}\pi\right) \\ &\cdot\prod_{j=1}^{n}\left(y+\sin\frac{2j-n-1}{2(m+n)}\pi\right) \end{aligned} \tag{3.32}$$

是 x^my^n 在 C 上的最小零偏差多项式．其最小零偏差是

$\min(2^{-m-n+1}, 1)$.

证明 我们记

$$x_i = -\sin\frac{2i-m-1}{2(m+n)}\pi,\quad i=0,\pm 1,\pm 2,\cdots;$$

$$y_j = -\sin\frac{2j-n-1}{2(m+n)}\pi,\quad j=0,\pm 1,\pm 2,\cdots.$$

而用D表示矩形 $[x_m\leqslant x\leqslant x_0, y_n\leqslant y\leqslant y_0]$，$F=C/D$. 当$n=0$时该定理之成立是显然的。因此只需就$n\geqslant 1$来证明。首先证明，多项式

$$Q_k(x)=\left|\prod_{i=1-k}^{m+k}(x-x_i)\right|,\quad 0\leqslant k\leqslant\left[\frac{n}{2}\right],\tag{3.33}$$

在区间 $[x_{m+k+1}, x_{-k}]$ 中的每个小区间 $[x_{i+1}, x_i]$ ($k\leqslant i\leqslant m+k$) 上的最大值随该小区间与原点$x=0$的距离的增加而非降。当$k=\left[\frac{n}{2}\right]$时，

$$Q_{[\frac{n}{2}]}(x)=\begin{cases}\left|2^{-m-n+1}\cos((m+n)\arc\cos x)\right|, & \text{当 } n \text{ 为偶数},\\ \left|2^{-m-n+1}\dfrac{\sin((m+n)\arc\cos x)}{\sqrt{1-x^2}}\right|, & \text{当 } n \text{ 为奇数}.\end{cases}\tag{3.34}$$

这件事显然是对的。另一方面，如果对$k=l>0$这件事对，则对$k=l-1$也对。这是因为，如果区间 $[x_{m+l}, x_{-l+1}]$ 内的小区间 $[x_i, x_{i-1}]$ 比小区间 $[x_{i+1}, x_i]$ 更远离原点（不妨设 $Q_{l-1}(x)$ 在其上的最大值点分别是x_i'，x_{i+1}'；而 $Q_l(x)$ 在 $[x_i, x_{i-1}]$ 上的最大值点是x_i''），则

$$\begin{aligned}Q_{l-1}(x_{i+1}') &= Q_l(x_{i+1}')\cdot\left|\frac{1}{x_{i+1}'-x_{1-l}}\cdot\frac{1}{x_{i+1}'-x_{m+l}}\right|\\ &\leqslant Q_l(x_i'')\cdot\left|\frac{1}{x_i''-x_{1-l}}\cdot\frac{1}{x_i''-x_{m+l}}\right|\\ &= Q_{l-1}(x_i'')\leqslant Q_{l-1}(x_i').\end{aligned}\tag{3.35}$$

根据数学归纳法，这件事之成立是无疑的．特别对 $k=0$ 命题为真．而这说明 $|C_{m,n}(x, y)|$ 在矩形 D 上的最大值一定不超过它在 F 上的最大值．然而它在 F 上的最大值显然又不超过它在圆周 $x^2+y^2=1$ 上的最大值．所以 $C_{m,n}(x, y)$ 在单位圆周上有偏离点．又由于

$$\begin{aligned}&\left(\sin\theta+\sin\frac{2j-n-1}{2(m+n)}\pi\right)\\&\qquad\cdot\left(\sin\theta+\sin\frac{2(n-j+1)-n-1}{2(m+n)}\pi\right)\\&=-\left(\cos\theta-\sin\frac{2j+m-1}{2(m+n)}\pi\right)\\&\qquad\cdot\left(\cos\theta+\sin\frac{2j+m-1}{2(m+n)}\pi\right),\end{aligned}\tag{3.36}$$

故在圆周 $x^2+y^2=1$ 上我们有

$$\begin{aligned}C_{m,n}(x, y)&=C_{m,n}(\cos\theta, \sin\theta)\\&=\prod_{i=1}^{m}(\cos\theta-x_i)\prod_{j=1}^{n}(\sin\theta-y_j)\\&=\begin{cases}\pm 2^{-m-n+1}\cdot\cos(m+n)\theta, & n\text{ 为偶},\\ \pm 2^{-m-n+1}\cdot\sin(m+n)\theta, & n\text{ 为奇}.\end{cases}\end{aligned}\tag{3.37}$$

由此不难看出，$C_{m,n}(x, y)$ 在圆周上必有 $2(m+n)$ 个偏离点，而这些偏离点还沿着圆周交错变号．根据 $(m+n-1)$ 次代数曲线与二次曲线至多能相交于 $2(m+n-1)$ 个点（若不含该二次曲线的分量为其分量的话，见第二章定理 1)，我们不难证明这 $2(m+n)$ 个偏离点就是 P_{m+n-1} 的一个交错点组．这样我们就证明了 $C_{m,n}(x, y)$ 是 $x^m y^n$ 在C上的最小零偏差多项式．根据(3.37)式，定理的后一句话显然成立．证毕．

应该指出，多元最小零偏差多项式一般是不唯一的．例如，对于圆形区域，文献 [47] 还给出另一类最小零偏差多项式．在这里我们就不仔细介绍了．

§6. 二元最佳逼近多项式的近似求法

上节我们所求得的都是精确的最佳逼近多项式．但是在许多场合下人们不能精确地求得最佳逼近多项式，这时必须考虑最佳逼近多项式的近似计算问题，对此人们提出了各种不同的方法（见文献[48, 49, 50]）．下面仅介绍其中的一种方法——交换算法．它很简单，也很实用．

设D是 Oxy 平面上的有界闭区域，$f(x, y)$ 是D上的连续函数．$\mathbf{P}$是由k个线性无关的二元多项式 $P_1(x, y)$，$P_2(x, y)$，$\cdots$，$P_k(x, y)$ 所支成的实线性空间．我们将近似地求得 $f(x, y)$ 在D上在$\mathbf{P}$中的最佳逼近多项式．

在区域D中选取一个有限点集$\mathfrak{U}$，使$\mathfrak{U}$所含点数不少于 $k+1$，而且$\mathfrak{U}$中的任何n个不同的点均作成$\mathbf{P}$的适定结点组．这时，求近似最佳逼近多项式的问题便可化为在$\mathbf{P}$中求 $f(x, y)$ 在$\mathfrak{U}$上的最佳逼近多项式问题．这是一种离散点集上的 Чебышев 逼近问题．根据§3 定理 7，这种最佳逼近多项式是唯一的．由于$\mathfrak{U}$中每$k+1$个点都是$\mathbf{P}$的一个不可插点组，适当命号便作成一个$k+1$点交错点组（它也是唯一交错点组），所以当在每个$n+1$点组上求最佳逼近时，最佳逼近唯一．若 $P(x, y)$ 是 $f(x, y)$ 在$\mathfrak{U}$上的最佳逼近多项式，则 $P(x, y)$ 的偏离点集必含有$\mathbf{P}$的一个$k+1$点交错点组．显然 $P(x, y)$ 也是 $f(x, y)$ 在这$k+1$点交错点组上的最佳逼近多项式．这就是说 $P(x, y)$ 必是 $f(x, y)$ 在每个$k+1$点组上求出的最佳逼近多项式中具有最大偏差者．因此求得 $P(x, y)$ 的关键是找到具有最大偏差的那个$k+1$点组．这可以用所谓的交换算法来实现．下面我们就来介绍它．

在$\mathfrak{U}$中任取$k+1$个点 (x_1, y_1)，(x_2, y_2)，$\cdots$，(x_{k+1}, y_{k+1})，我们先构造 $f(x, y)$ 在其上的最佳逼近多项式 $Q(x, y)$．按§1 定义 3，我们可以找到一组非零实数 $\alpha_1, \alpha_2, \cdots, \alpha_{k+1}$，使得对一切

$S(x, y) \in \mathbf{P}$ 均有

$$\alpha_1 S(x_1, y_1) + \alpha_2 S(x_2, y_2) + \cdots + \alpha_{k+1} S(x_{k+1}, y_{k+1}) = 0. \quad (3.38)$$

设 h 是 $Q(x, y)$ 与 $f(x, y)$ 在这 $k+1$ 点组上的最大偏差，则我们有

$$\begin{aligned} \alpha &= \sum_{i=1}^{k+1} \alpha_i f(x_i, y_i) \\ &= \sum_{i=1}^{k+1} \alpha_i (f(x_i, y_i) - Q(x_i, y_i)) \\ &= \pm h \sum_{i=1}^{k+1} |\alpha_i|. \end{aligned} \quad (3.39)$$

因而

$$h = |\alpha| \Big/ \sum_{i=1}^{k+1} |\alpha_i|. \quad (3.40)$$

若令

$$\varepsilon_i = \operatorname{sign} \alpha \cdot \operatorname{sign} \alpha_i, \quad i = 1, 2, \cdots, k+1, \quad (3.41)$$

则由方程组

$$Q(x_i, y_i) = \sum_{j=1}^{k} c_j P_j(x_i, y_i) = f(x_i, y_i) - \varepsilon_i h, \quad i = 1, 2, \cdots, k, \quad (3.42)$$

便可求得 $f(x, y)$ 在 $(x_1, y_1), (x_2, y_2), \cdots, (x_{k+1}, y_{k+1})$ 上的最佳逼近多项式 $Q(x, y)$. 若 $Q(x, y)$ 在该 $k+1$ 点组之外的 $\mathfrak{U}$ 中每点处与 $f(x, y)$ 的偏离均不超过 h，那么 $Q(x, y)$ 就是所求的最佳逼近多项式 $P(x, y)$. 若有一点 $(x_0, y_0) \in \mathfrak{U}$ 使

$$|f(x_0, y_0) - Q(x_0, y_0)| > h,$$

则我们一定可以用 (x_0, y_0) 去替换 $(x_1, y_1), (x_2, y_2), \cdots, (x_{k+1}, y_{k+1})$ 中的某个点，而使 $f(x, y)$ 在新的 $k+1$ 点组上的 $\mathbf{P}$ 中的最佳逼近 h' 大于 h. 从而我们就得到了新的 $n+1$ 点组上 $\mathbf{P}$ 中的最佳逼近多项式 $Q'(x, y)$. 然后对 $Q'(x, y)$ 再做类似于 $Q(x, y)$ 的讨论. 这样一直下去，每做一步，$k+1$ 点组上的最佳逼近值就增加一些. 由于 $\mathfrak{U}$ 中所含的 $k+1$ 点组的个数是有限的，故

必在某步找到具有最大偏差的那个 $k+1$ 点组。于是便找到了所要求的最佳逼近多项式 $P(x, y)$。

最后我们指出，对于不满足上述要求的一般有限点集 $\mathfrak{U}$ 也可建立类似的交换算法。对这方面有兴趣的读者可参考 Rice 的文献 [50]。

第四章　多元样条函数

多项式逼近问题的理论与应用迄今已经取得十分重大的进展．众所周知，多项式是一种解析函数，它在某点附近的性质足以决定它的整体性质．这和许多物理现象是不相符合的．因此人们自然有必要寻求一类新的“半解析”逼近工具，使它既保持多项式的某些优点，又具有某种局部性质．样条函数正是这样一类函数．自从 I. J. Schoenberg 1946 年的开创性论文[53]问世以来，样条函数的研究工作十分活跃．至今国内外已有数以千计的论文发表在各种杂志上．这些成果不仅从理论和应用两方面补充到逼近论的各个领域，而且已明显地渗透到其它许多学科的研究工作中．

什么是样条函数呢？设给定实轴的一个分划

$$\Delta:\ a = x_0 < x_1 < \cdots < x_j < x_{j+1} < \cdots < x_N = b.$$

若 $y = s(x)$是满足下列条件的一个函数:

1°　于$(-\infty, a]$, $[x_j, x_{j+1}]$$(j = 0, \cdots, N-1)$$[b, \infty)$每个区间上函数 $S(x)$ 是次数不超过 n 的多项式;

2°　$y = S(x)$ 在全实轴 $(-\infty, \infty)$ 上具有连续的 $n-1$ 阶导数;

则称 $y = S(x)$ 为以Δ分点为结点的 n 次样条函数．记为

$$S(x) \in S_n(x_0, x_1, \cdots, x_N).$$

在文献[53]中 Schoenberg 给出了 $S_n(x_0, x_1, \cdots, x_N)$ 中任一 n 次样条函数的一般表达式:

$$S(x) = P_n(x) + \sum_{j=0}^{N} c_j(x - x_j)_+^n,\ (-\infty < x < \infty)$$

其中 $P_n(x) \in H_n$（次数 $\leqslant n$ 的多项式集合）为 $S(x)$ 在$(-\infty, a]$上的表达式，而

$$(x-x_j)_+^n=[(x-x_j)_+]^n,$$
$$(x-x_j)_+=\max(0,x-x_j)$$
为截断多项式.

关于一元样条函数各种各样的解释以及许多有趣的结果，读者可参考文献[54,55,56,57].

本章中，我们将集中介绍和讨论多元样条函数方面的结果.

§1. 参数型样条与 Coons 曲面逼近

1.1 参数型样条函数插值

设有一条三维空间的曲线段 $\widehat{AB}$，欲求其参数方程. 今取定一空间坐标系 $OXYZ$，引入参变量 t，设想曲线 $C=\widehat{AB}$ 可表示为

$$C:\ x=x(t),\ y=y(t),\ z=z(t),\ 0\leqslant t\leqslant 1, \tag{4.1}$$

其中 $A=(x(0),y(0),z(0))$，$B=(x(1),y(1),z(1))$. 如果采用向量形式，则曲线 C 又可表示为

$$C:\ \boldsymbol{S}(t)=\begin{pmatrix}x(t)\\ y(t)\\ z(t)\end{pmatrix},0\leqslant t\leqslant 1. \tag{4.2}$$

设已知

$$\boldsymbol{S}(0)=\boldsymbol{S}_0,\ \boldsymbol{S}'(0)=\boldsymbol{S}'_0,\ \boldsymbol{S}(1)=\boldsymbol{S}_1,\ \boldsymbol{S}'(1)=\boldsymbol{S}'_1, \tag{4.3}$$

其中 $\boldsymbol{S}_0$，$\boldsymbol{S}_1$，$\boldsymbol{S}'_0$，$\boldsymbol{S}'_1$ 是已知向量，且我们采用记号

$$\boldsymbol{S}'(t)=(x'(t),y'(t),z'(t))^T.$$

若要求 $x(t)$, $y(t)$, 和 $z(t)$ 都是 t 的次数不超过 3 的多项式，则按插值条件(4.3)不难确定所欲求的多项式向量为

$$\begin{aligned}\boldsymbol{S}(t)=\boldsymbol{S}_0\cdot(1-3t^2+2t^3)+\boldsymbol{S}'\cdot(t-2t^2+t^3)\\ +\boldsymbol{S}_1\cdot(3t^2-2t^3)+\boldsymbol{S}_1'\cdot(-t^2+t^3).\end{aligned} \tag{4.4}$$
$$0\leqslant t\leqslant 1$$

显然，如果空间曲线的变化情况比较复杂，则用单条(4.4)形曲线来逼近，其精确程度是不一定理想的. 为此，常用分段为(4.4)

形的参数型样条函数来逼近．以下就来讨论这个问题．特别将介绍文献[58]中给出的一种光滑插值方法．它是一种照顾到保凸性的方法。

设对区间 $[a, b]$ 进行剖分

$$a=t_0<t_1<t_2<\cdots<t_{n-1}<t_n=b.$$

今欲构造一个分段为三次多项式且具有一阶光滑度的所谓弱样条函数 $\boldsymbol{S}(t)$，使之满足预先给定的插值条件

$$\boldsymbol{S}(t_j)=\boldsymbol{S}_j,\ j=0,1,\cdots,n. \tag{4.5}$$

本来，我们可以给出一个三次自然样条函数，使之满足插值条件 (4.5)[55]，但是如所知，那样得到的自然样条函数是不一定能够照顾到曲线原型的，也就是说不能避免多余拐点的出现．下面介绍的方法就是以牺牲一点光滑度为代价来照顾曲线原型的．

今于每个区间 $[t_j, t_{j+1}](j=0,1,\cdots,n-1)$ 上用带一阶导数的 Hermite 插值公式来构造三次多项式

$$\begin{aligned}\boldsymbol{P}_j(t)=&\boldsymbol{S}_j\left(1-2\frac{t-t_j}{t_j-t_{j+1}}\right)\cdot\left(\frac{t-t_{j+1}}{t_j-t_{j+1}}\right)^2\\&+\boldsymbol{a}_j(t-t_j)\left(\frac{t-t_{j+1}}{t_j-t_{j+1}}\right)^2+\boldsymbol{S}_{j+1}\left(1-2\frac{t-t_{j+1}}{t_{j+1}-t_j}\right)\\&\cdot\left(\frac{t-t_j}{t_{j+1}-t_j}\right)^2+\boldsymbol{a}_{j+1}(t-t_{j+1})\left(\frac{t-t_j}{t_{j+1}-t_j}\right)^2\end{aligned} \tag{4.6}$$

其中 $\boldsymbol{a}_j$ 和 $\boldsymbol{a}_{j+1}$ 是待定参数(切向量)，且

$$\boldsymbol{P}'_j(t_j)=\boldsymbol{a}_j,\ \boldsymbol{P}_j(t_{j+1})=\boldsymbol{a}_{j+1}. \tag{4.7}$$

经过计算可得：

$$\begin{aligned}&S_j\frac{6(t-t_j)(t-t_{j+1})}{(t_{j+1}-t_j)^3}\\&+\boldsymbol{a}_j\frac{(t-t_{j+1})(3t-t_{j+1}-2t_j)}{(t_j-t_{j+1})^2}\\&+\boldsymbol{S}_{j+1}\frac{6(t-t_j)(t-t_{j+1})}{(t_j-t_{j+1})^3}\end{aligned}$$

$$+\alpha_{j+1}\frac{(t-t_j)(3t-t_j-2t_{j+1})}{(t_{j+1}-t_j)^2},$$

$$P_j''(t)=6S_j\frac{2t-t_j-t_{j+1}}{(t_{j+1}-t_j)^3}+\alpha_j\frac{6t-2t_j-4t_{j+1}}{(t_j-t_{j+1})^2}$$

$$+6S_{j+1}\frac{2t-t_j-t_{j+1}}{(t_j-t_{j+1})^3}$$

$$+\alpha_{j+1}\frac{6t-4t_j-2t_{j+1}}{(t_{j+1}-t_j)^2}.$$

于是

$$P_j''(t_j)=\frac{6(S_{j+1}-S_j)}{(t_{j+1}-t_j)^2}-4\alpha_j\frac{1}{t_{j+1}-t_j}$$

$$-2\alpha_{j+1}\cdot\frac{1}{t_{j+1}-t_j},$$

即

$$P_j''(t_j)=\frac{1}{t_{j+1}-t_j}[6f(t_j,t_{j+1})-4\alpha_j-2\alpha_{j+1}],\quad(4.8)$$

其中 $f(t_j,t_{j+1})$ 为一阶差商

$$f(t_j,t_{j+1})=\frac{S_{j+1}-S_j}{t_{j+1}-t_j}.$$

完全类似地，我们有

$$P_{j(t_{j+1})}''=\frac{1}{t_{j+1}-t_j}[-6f(t_j,t_{j+1})+2\alpha_j+4\alpha_{j+1}].\quad(4.9)$$

因为实际上三次弱样条函数 $S(t)$ 在各剖分点处二阶导向量是不存在的．但是为了照顾 $S(t)$ 的保凸性，我们以在 t_j 处二阶导向量的近似值(二阶差商的二倍)：

$$r_j=\frac{2}{t_{j+1}-t_j}\left(\frac{S_{j+1}-S_j}{t_{j+1}-t_j}-\frac{S_j-S_{j-1}}{t_j-t_{j-1}}\right),$$

$$j=1,2,\cdots,n-1\quad(4.10)$$

来代替 $P_j(t)$ 与 $P_{j-1}(t)$ 于 t_j 处的二阶导向量 $P_j''(t_j+0)$ 与

$P''_{j-1}(t_j-0)$*.

由 (4.7) 式显然可知，无论用什么方法确定 a_j ($j=0$, 1, 2, $\cdots$, n)，由 (4.6) 式所表示的 $S(t)$ 一定是分段且具有一阶光滑度的弱三次样条函数，按照 [61] 中的记号，我们可以记为 $S(t)\in\mathfrak{S}'_3$.

依上面说明，并注意到(4.8)，(4.9)和(4.10)式，我们有

$$\begin{aligned}-4a_j-2a_{j+1}&=r_j(t_{j+1}-t_j)-6f(t_j,t_{j+1}),\\ 2a_j+4a_{j+1}&=r_{j+1}(t_{j+1}-t_j)+6f(t_j,t_{j+1}),\\ j&=0,1,\cdots,n-1.\end{aligned}\tag{4.11}$$

因为 t_0 和 t_n 是边界上的两个点，它们处的二阶导向量不能简单地用 (4.10) 式来计算. 我们建议把经过三个型值点 (t_0, S_0), (t_1, S_1), (t_2, S_2) 的二次插值多项式 $q_2(t)$ 于 $t=t_0$ 处的二阶导数 $q''_2(t_0)$ 作为 r_0; 把三个型值点 (t_{n-2}, S_{n-2}), (t_{n-1}, S_{n-1}), (t_n, S_n) 的二次插值多项式 $q_2(t)$ 于 $t=t_n$ 处的二阶导数 $q''_2(t_n)$ 作为 r_n. 容易看出，这实际上等价于取:

$$r_0=r_1,\quad r_n=r_{n-1}.$$

若令

$$a=(a_0, a_1,\cdots,a_n)^T,$$

$$\begin{aligned}D=[\,&r_0(t_1-t_0)-6f(t_0,t_1),\ r_1(t_1-t_0)\\&+6f(t_0,t_1),\cdots r_{n-1}(t_n-t_{n-1})\\&-6f(t_{n-1},t_n),\ r_n(t_n-t_{n-1})+6f(t_{n-1},t_n)].\end{aligned}$$

则由(4.11)可以推得方程组

$$[A]\,a=D,\tag{4.12}$$

其中

---

* 为了保凸性，实际只须要求 $P''_j(t_j+0)$ 与 $P''_{j-1}(t_j-0)$ 均和 r_j 同向.

$$[A]=\begin{bmatrix} -4 & -2 & & & & & & \\ 2 & 4 & & & & & & \\ & & -4 & -2 & & & & \\ & & 2 & 4 & & & & \\ & & & & \ddots & & & \\ & & & & -4 & -2 & & \\ & & & & 2 & 4 & & \\ & & & & & & -4 & -2 \\ & & & & & & 2 & 4 \end{bmatrix}.$$

用最小二乘法解(4.12),即相当于求解

$$[A]^T[A]\,\boldsymbol{a}=[A]^T\tilde{\boldsymbol{D}}, \tag{4.13}$$

其中 $[A]^T[A]$ 为三对角的对角占优矩阵

$$[A]^T[A]=\begin{bmatrix} 20 & 16 & & & & \\ 16 & 40 & 16 & & & \\ & 16 & 40 & 16 & & \\ & & \ddots & \ddots & \ddots & \\ & & & 16 & 40 & 16 \\ & & & & 16 & 20 \end{bmatrix}.$$

如果记 $h_j=t_{j+1}-t_j$, $\boldsymbol{f}_{j,j+1}=\boldsymbol{f}(x_j, x_{j+1})$, $j=0, 1, \cdots, n-1$, 则

$$\boldsymbol{D}=[A]^T\tilde{\boldsymbol{D}}=(\boldsymbol{d}_0, \boldsymbol{d}_1, \cdots, \boldsymbol{d}_{n-1}, \boldsymbol{d}_n)^T,$$

其中

$$\begin{aligned} \boldsymbol{d}_0&=(-4\boldsymbol{r}_0+2\boldsymbol{r}_1)h_0+36\boldsymbol{f}_{0,1}, \\ \boldsymbol{d}_j&=(-2\boldsymbol{r}_{j-1}+4\boldsymbol{r}_j)h_{j-1}+36\boldsymbol{f}_{j-1,j}+(-4\boldsymbol{r}_j+2\boldsymbol{r}_{j+1})h_j \\ &\quad+36\boldsymbol{f}_{j,j+1}, \qquad j=1, 2, \cdots, n-1, \\ \boldsymbol{d}_n&=(-2\boldsymbol{r}_{n-1}+4\boldsymbol{r}_n)h_{n-1}+36\boldsymbol{f}_{n-1,n}. \end{aligned}$$

用追赶法或者其它方法即可以求出(4.13)中的 $\boldsymbol{a}$, 比如追赶法求解(4.13),可得

$$\begin{aligned} \boldsymbol{a}_N&=\boldsymbol{e}_N, \\ \boldsymbol{a}_j&=\alpha_j\boldsymbol{a}_{j+1}+\boldsymbol{e}_j, \qquad j=0, 1, \cdots, N-1, \end{aligned}$$

其中

$$\alpha_0 = -4/5,\ e_0 = d_0/20,$$

$$\alpha_j = \frac{-2}{5 + 2\alpha_{j-1}},\quad j = 1, 2, \cdots, n-1, \tag{4.14}$$

$$e_j = (d_j - 16e_{j-1})/(40 - 16\alpha_{j-1}),$$

$$j = 1, 2, \cdots, n-1, n.$$

从上式还不难看出，α_j 可以写成连分式形式

$$\alpha_j = -\frac{2}{5} - \underbrace{\frac{4}{5} - \frac{4}{5} - \cdots - \frac{4}{5}}_{j-1个} - \frac{8}{5}.$$

例 某轿车的外形数据为

x_i	1.162	1.2	1.4	1.6	1.8	2.0	2.2
y_i	0.905	0.9475	1.09	1.155	1.19	1.20	1.19
x_i	2.4	2.6	2.8	3.0	3.1	3.2	
y_i	1.1675	1.135	1.077	0.99	0.9275	0.835	

用此处算出的光滑插值法算出各节点处一阶导数值为

x_i	1.162	1.2	1.4	1.6	1.8	2.0	2.2
y'_i	1.205074	1.02549	0.456043	0.235314	0.113484	−0.0065263	−0.089356
x_i	2.4	2.6	2.8	3.0	3.1	3.2	
y'_i	−0.12946	−0.21356	−0.36165	−0.52919	−0.75599	−1.09021	

于是此处由 (4.6) 式即得曲线的分段表达式. 为说明其精确度，不妨考虑区间[1.4，1.8]中的表达式，它是

$$f(x) = 1.09\left(1+2\,\frac{x-1.4}{0.4}\right)\left(\frac{x-1.8}{0.4}\right)^2$$

$$+ 0.456043(x-1.4)\left(\frac{x-1.8}{0.4}\right)^2$$

$$+ 1.19\left(1-2\,\frac{x-1.8}{0.4}\right)\left(\frac{x-1.4}{0.4}\right)^2$$

$$+ 0.113484(x-1.8)\left(\frac{x-1.4}{0.4}\right)^2$$

其在 $x = 1.6$ 处的值为 $f(1.6) = 1.157128$. 与原给定型值误差

是 0.002。

1.2 Coons 曲面逼近

考虑曲面

$$x=x(u,w),\ y=y(u,w),\ z=z(u,w),\ 0\leqslant u,w\leqslant 1,$$

它也可写成向量形式

$$S(u,w)=x(u,w)\,i+y(u,w)\,j+z(u,w)\,k,\quad 0\leqslant u,\ w\leqslant 1. \tag{4.15}$$

如果已知下述 16 个值

$$\begin{aligned}&S(0,0),\ \ S_w(0,0),\ \ S(0,1),\ \ S_w(0,1),\\&S_u(0,0),\ S_{uw}(0,0),\ S_u(0,1),\ S_{uw}(0,1),\\&S(1,0),\ \ S_w(1,0),\ \ S(1,1),\ \ S_w(1,1),\\&S_u(1,0),\ S_{uw}(1,0),\ S_u(1,1),\ S_{uw}(1,1).\end{aligned} \tag{4.16}$$

并引进记号

$$\begin{aligned}&F_0(t)=2t^3-3t^2+1,\\&F_1(t)=t(t-1)^2,\\&G_0(t)=t^2(3-2t),\\&G_1(t)=t^2(t-1).\end{aligned} \tag{4.17}$$

则采用乘积型逼近方法,不难得到满足插值条件(4.16)的曲面

$$S(u,w)=(F_0(u),F_1(u),G_0(u),G_1(u))[D]\begin{pmatrix}F_0(w)\\F_1(w)\\G_0(w)\\G_1(w)\end{pmatrix}, \tag{4.18}$$

其中

$$[D]=\begin{pmatrix}D_{00}&D_{01}\\D_{10}&D_{11}\end{pmatrix}\quad [D_{ij}]=\begin{pmatrix}S(i,j)&S_w(i,j)\\S_u(i,j)&S_{uw}(i,j)\end{pmatrix}. \tag{4.19}$$

事实上,只需具体代入验算就可以证明了. (4.18) 就是一个曲面块的计算公式。

如果一个曲面是由多个曲面片拼接而成,则该曲面的表达式

也可以相应地建立如下.

设有如下的 uw 平面的矩形网格

$$u=0,1,\cdots,n;$$

$$w=0,1,\cdots,m.$$

整个曲面由 $n\times m$ 片曲面拼接而成，此时相应于(4.19)中的 $[D]$ 信息矩阵为下述 $2(n+1)\times 2(m+1)$ 矩阵

$$[B]=\begin{pmatrix}[D_{00}] & [D_{01}] \cdots [D_{0m}]\\ [D_{10}] & [D_{11}] \cdots [D_{1m}]\\ \cdots\cdots & \cdots\cdots\cdots\cdots\\ [D_{n0}] & [D_{n1}]\cdots[D_{nm}]\end{pmatrix}, \tag{4.20}$$

其中 $[D_{ij}](i=0,\cdots,n;\quad j=0,\cdots,m)$ 如(4.19)所示。

为给出整块曲面的表达式，还需引进记号

$$i=2[[u]]+1,\ j=2[[w]]+1, \tag{4.21}$$

其中

$$[[x]]=\begin{cases}[x]-1 & \text{当 } x=n \text{ 或 } m \text{ 时},\\ [x] & \text{其它}.\end{cases}$$

$p(u)$，$q(w)$ 分别为 $1\times 2(n+1)$，$1\times 2(m+1)$ 阶矩阵

$$\begin{aligned}&p(u)=(p_1(u),\ p_2(u),\cdots,p_k(u),\cdots,\ p_{2(n+1)}(u)),\\ &q(w)=(q_1(w),\ q_2(w),\cdots,\ q_l(w),\ \cdots,\ q_{2(m+1)}(w)),\end{aligned} \tag{4.22}$$

其中对任意给定的 u 和 w，先按(4.21)算出 i 和 j，则 $p(u)$ 和 $q(w)$ 各分量的定义为

$$p_k(u)=\begin{cases}0, & \text{当 } k<i,\\ F_0(\alpha), & \text{当 } k=i,\\ F_1(\alpha), & \text{当 } k=i+1,\\ G_0(\alpha), & \text{当 } k=i+2,\\ G_1(\alpha), & \text{当 } k=i+3,\\ 0, & \text{当 } k>i+3,\end{cases}$$

$$q_l(w)=\begin{cases}0, & \text{当 } l<j,\\ F_0(\beta), & \text{当 } l=j,\\ F_1(\beta), & \text{当 } l=j+1,\\ G_0(\beta), & \text{当 } l=j+2,\\ G_1(\beta), & \text{当 } l=j+3,\\ 0, & \text{当 } l>j+3,\end{cases} \tag{4.23}$$

$$k=1,2,\cdots,2(n+1);\ l=1,\cdots,2(m+1);$$

此处

$$\alpha=u-[[u]] \quad \beta=w-[[w]]. \tag{4.24}$$

于是整个曲面的表达式可写成

$$S(u,w)=p(u)\cdot[B]\cdot q(w)^T\begin{pmatrix}0\leqslant u\leqslant n\\ 0\leqslant w\leqslant m\end{pmatrix}. \tag{4.25}$$

可以证明在矩形 $0\leqslant u\leqslant n$, $0\leqslant w\leqslant m$ 上，曲面 $S(u,w)\in C^1$（证明从略）. $S(u,w)$ 的形如(4.25)的曲面表达式称为 Coons 曲面(参见文献[51]).

显然,为求得 Coons 曲面表达式，关键是寻求信息矩阵 B 中的各个元素.

求信息矩阵可采用广义逆和剖面线两种方法.

广义逆方法，就是依据所给的型值条件列出(4.25)所对应的线代数方程组,然后用广义最小二乘法求解之.

剖面线法，就是在一矩形网格上给定曲面的一批型值 $S(u_i,w_j)(i=0,\cdots,n;\ j=0,\cdots,m)$. 然后对每一固定的 $w_j(j=0,\cdots,m)$, $S(u,w_j)$ 作为 u 的参数型曲线,可以用前段光滑插值方法而得到各个 $S_u(u_i,w_j)(i=0,\cdots,n)$ 的值. 这样实际已求得各个 $S_u(u_i,w_j)(i=0,\cdots,n;\ j=0,\cdots,m)$ 的值. 同样地,对每一固定的 $u_i(i=0,\cdots,n)$ 又可求得各个 $S_w(u_i,w_j)(j=0,\cdots,m)$的值.从而求得各个 $S_w(u_i,w_j)(i=0,\cdots,n;\ j=0,\cdots,m)$的值. 为求出各 $S_{uw}(u_i,w_j)$，只需把 $S_u(u,w)$ 和 $S_w(u,w)$ 作为两个新的函数向量而重复刚才的水平、垂直方向的讨论,就可

以求出 $S_{uw}(u_i, w_j)$ 和 $S_{wu}(u_i, w_j)(i=0,\cdots,n; j=0,\cdots,m)$. 由于计算中误差的影响，$S_{uw}(u_i, w_j)$ 和 $S_{wu}(u_i, w_j)$ 可能不相等. 因此可以取其平均值作为 $S_{uw}(u_i, w_j)(i=0,\cdots,n; j=0,\cdots,m)$ 的值. 将这些 $S(u_i, w_j)$, $S_u(u_i, w_j)$, $S_w(u_i, w_j)$ 和 $S_{uw}(u_i, w_j)$ 值代入(4.25)的信息矩阵 $[B]$ 中，即得 Coons 曲面 $S(u, w)$ 的表达式.

§2. 任意剖分下的多元样条函数

乘积型多元样条函数是一元样条函数的简单叠加. 它在理论上并不会产生新的本质困难，在方法论上也不必引进任何新的技巧. 在多元样条函数的研究，特别是对于任意剖分下多元样条函数的研究中，代数几何是十分有效的一类工具.

设 $\mathscr{D}$ 是二维欧氏空间 $\mathbb{R}^2$ 上一个单连通区域. 用有限条曲线对区域 $\mathscr{D}$ 进行剖分 T，于是 $\overline{\mathscr{D}}$ 被剖分成了有限个子区域(见图 4.1). 我们把这样的子区域称为 $\overline{\mathscr{D}}$ 的一个"胞腔". 形成每个胞腔边界的那些线段称为"网线"，网线交点称为"网点". 一个闭胞腔的所有网点称为该胞腔的顶点. 比如图4.1中的点 P, Q, R, S 和 V 就是胞腔 I 的顶点. 同一网线两端的两个网点称为是相邻网点. 若一网点是区域 $\mathscr{D}$ 的内点，则称之为"内网点". 若一网线

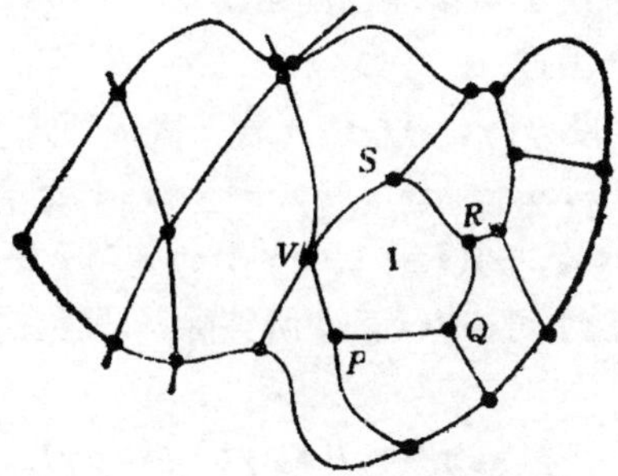

图 4.1

(两端上的网点可以例外)全部含于 $\mathscr{D}$ 的内部,则称之为"内网线"。所有以某一网点 P 为顶点的胞腔的并集,称为 P 的相对于部分 T 的"关联区域",记为 $K(P, T)$,常简记为 $K(P)$.

在对 $\mathscr{D}$ 进行了剖分 T 以后,如果二元函数 $z=S(x, y)$ 在每一个胞腔上的表达式都是二元 k 次多项式(每个胞腔上具体多项式可以不同):

$$S(x, y)=\sum_{0\leqslant i+j\leqslant k} c_{ij}x^i y^j, (\text{记为 } S(x, y)\in \mathbf{P}_k),$$

并且该函数 $z=S(x, y)$ 在 $\mathscr{D}$ 上具有 μ 阶连续的偏导数,即 $S(x, y)\in C^\mu(\mathscr{D})$,则称 $z=S(x, y)$ 为 (k, μ) 次样条函数. 所有 (k, μ) 次样条函数的集合记为 $S_k^\mu(\mathscr{D}, T)$,简记为 S_k^μ. 当 $\mu=k-1$ 时,特别把 $S_k^{k-1}(\mathscr{D}, T)$ 记为 $S_k(\mathscr{D}, T)$ 或 S_k,称为 k 次样条函数.

若样条函数 $S(x, y)\in S_k^\mu$ 于某一网点 P 的关联区域 $K(P)$ 上处处为同一 k 次多项式,则说该样条函数 $S(x, y)$ 于 $K(P)$ 处是"蜕化"的. 若 $S(x, y)$ 于所有网点的关联区域上皆为蜕化的,则称为"总体蜕化"的样条函数. 只要 $S(x, y)$ 非总体蜕化,则称 $S(x, y)$ 是非蜕化的.

和一元样条函数本质不同的是,对剖分 T 来说,非蜕化的 $S_k^\mu(\mathscr{D}, T)$ 并不一定总是存在的. 因此对于多元样条函数来说,首先应该搞清剖分 T 和多元样条函数存在性之间的关系. 文献[61]较完全地解决了这个理论问题.

先引进两个引理:

引理 1[61] 设 $p(x, y)\in \mathbf{P}_k$. 若一次多项式

$$l(x, y)=ax+by+c \quad (a^2+b^2\neq 0)$$

的某 n 个零点 $(x_i, y_i)(i=1, \cdots, n;\ n\geqslant k+1)$ 也是 $P(x, y)$ 的零点,则 $p(x, y)$ 可被 $l(x, y)$ 所整除. 即存在多项式 $q(x,y)\in \mathbf{P}_{k-1}$,使得

$$p(x, y)=l(x, y)\cdot q(x, y). \tag{4.26}$$

证明 因为 a, b 不全为 0,故不妨假定 $b\neq 0$. 今将 $p(x,$

y）按 y 的降幂次序整理为

$$p(x, y) = a_0(x)y^k + a_1(x)y^{k-1} + \cdots + a_{k-1}(x)y + a_k(x),$$

其中 $a_j(x)$ ($j = 0, \cdots, k$) 为 x 的 j 次多项式. 以一次多项式 $l(x, y)$ 除 $p(x, y)$，得到

$$p(x, y) = l(x, y) \cdot q(x, y) + r(x), \tag{4.27}$$

其中 $q(x, y) \in \mathbf{P}_{k-1}$，余式 $r(x)$ 为 x 的次数不超过 k 的多项式. 以 $(x_i, y_i)(i = 1, \cdots, n)$ 代入(2.2)，再由引理所设条件，有

$$r(x_i) = 0, \ i = 1, \cdots, n. \tag{4.28}$$

由于 $b \neq 0$，所以 $x_i \neq x_j(i \neq j)$. 于是(4.28)说明 $r(x)$有 n 个互异的零点，从而 $r(x) \equiv 0$. 于是从(4.27)即知 (4.26) 成立证毕.

作为引理 1 的推广，有

引理 2[61] 设 $p(x, y) \in \mathbf{P}_k$, $q(x, y) \in \mathbf{P}_m$，且 $q(x, y)$ 是一不可约代数多项式，若 $p(x, y)$ 与 $q(x, y)$ 有多于 km 个的公共零点，则 $p(x, y)$ 可被 $q(x, y)$ 所整除. 即有 $r(x, y) \in \mathbf{P}_{k-m}$，使得

$$p(x, y) = q(x, y) \cdot r(x, y). \tag{4.29}$$

事实上引理 2 是 Bezout 定理[26]的推论. 因为 Bezout 定理指出，只要 $p(x, y)$ 与 $q(x, y)$ 有多于 km 个公共零点，则 $p(x, y)$ 与 $q(x, y)$ 必定有公因子存在. 但 $q(x, y)$ 不可约，从而 $q(x, y)$ 是它们的公因子，亦即 $q(x, y)$ 是 $p(x, y)$ 的一个因子. 证毕.

必须指出，此处所说的不可约代数曲线 Γ: $l(x, y) = 0$，均指 $l(x, y)$ 为实系数不可约代数多项式者. 自然，通常的直线 $l(x, y) = ax + by + c = 0$ ($a^2 + b^2 = 0$) 也是这样的一条不可约代数曲线. 单位圆 $x^2 + y^2 - 1 = 0$ 也是这样的一条不可约代数曲线，等等.

定理 3[61] 设 $z = S(x, y)$ 在相邻两胞腔 $\mathscr{D}_i$ 和 $\mathscr{D}_j$ 上的表达式分别为 k 次多项式

$$z = p_i(x, y) \text{ 和 } z = p_j(x, y).$$

为使 $S(x, y) \in C^\mu(\overline{\mathscr{D}_i \cup \mathscr{D}_j})$，必须且只须存在多项式 $q_{ij}(x, y) \in \mathbf{P}_{k-(\mu+1)\sigma}$，使得

$$p_i(x, y) - p_j(x, y) = [l_{ij}(x, y)]^{\mu+1} \cdot q_{ij}(x, y), \quad (4.30)$$

其中 Γ_{ij} 为 $\mathscr{D}_i$ 与 $\mathscr{D}_j$ 的一公共内网线

$$\Gamma_{ij}: \ l_{ij}(x, y) = 0, \quad (4.31)$$

而且 $l_{ij}(x, y) \in \mathbf{P}_\sigma$.

证明 设 μ 为指定的正整数 ($0 \leqslant \mu \leqslant k/\sigma^{-1}$). 因为 $S(x, y) \in C^\mu(\overline{\mathscr{D}_i \cup \mathscr{D}_j})$,特别地 $S(x, y)$ 于 Γ_{ij} 上连续. 从而 $\eta(x, y) = P_i(x, y) - P_j(x, y)$ 于 Γ_{ij} 上等于0. 由引理2,存在 $q_1(x, y) \in \mathbf{P}_{k-\sigma}$, 使得

$$\eta(x, y) = p_i(x, y) - p_j(x, y) = l_{ij}(x, y) \cdot q(x, y), \quad (4.32)$$

其中σ为 $l_{ij}(x, y)$ 的次数. 又根据 $\eta(x, y)$ 于 Γ_{ij} 上一阶偏导数为零的性质可知

$$\left.\frac{\partial}{\partial x}\eta(x, y)\right|_{\Gamma_{ij}} = \left(\frac{\partial q_1}{\partial x} \cdot l_{ij}(x, y) + q_1(x, y) \times \frac{\partial l_{ij}}{\partial x}\right)\bigg|_{\Gamma_{ij}} = 0,$$

$$\left.\frac{\partial}{\partial y}\eta(x, y)\right|_{\Gamma_{ij}} = \left(\frac{\partial q_1}{\partial y} \cdot l_{ij}(x, y) + q_1(x, y) \times \frac{\partial l_{ij}}{\partial y}\right)\bigg|_{\Gamma_{ij}} = 0. \quad (4.33)$$

由 $l_{ij}(x, y)$ 的不可约性和 Bezout 定理显然可知

$$\operatorname{grad} l_{ij}(x, y)|_{\Gamma_{ij}} \overset{\text{P.P.}}{\neq} 0.$$

从(4.33)即可推知

$$q_1(x, y)|_{\Gamma_{ij}} \overset{\text{P. P.}}{=\!=} 0$$

再次利用引理2,知有 $q_2(x, y) \in \mathrm{P}_{k-2\sigma}$ 使

$$q_1(x, y) = l_{ij}(x, y) \cdot q_2(x, y). \quad (4.34)$$

将式(4.34)代人(4.32),得到

$$\eta(x, y) = P_i(x, y) - P_j(x, y) = [l_{ij}(x, y)]^2 \cdot q_2(x, y). \quad (4.35)$$

再逐次利用 $S(x, y)$ 于 $\overline{\mathscr{D}_i \cup \mathscr{D}_j}$ 上的二阶、三阶一直到μ阶偏导

数的连续性，可最后得到

$$\eta(x, y) = P_i(x, y) - P_j(x, y) = [l_{ij}(x, y)]^{\mu+1} \cdot q_{ij}(x, y), \tag{4.36}$$

其中 $q_{ij}(x, y) \in \mathrm{P}_{k-(\mu+1)\sigma}$. 定理证毕.

由定理 3 的(4.30)显然可推得

推论 4[61] 设剖分 T 的内网线为 $\Gamma_1, \Gamma_2, \cdots, \Gamma_N$，它们的次数依次为 $n_1, n_2, \cdots n_N$. 为使 $S(x, y) \in S_k^\mu(\mathscr{D}, T)$ 存在，整数 k 和 μ 之间必须满足关系式

$$k \geqslant (\mu + 1) \cdot \min(n_1, n_2, \cdots, n_N). \tag{4.37}$$

推论 4 指出，在给定剖分下欲使 $z = S(x, y)$ 具有 μ 阶光滑度，分片多项式的次数 k 不得低于 $(\mu + 1) \cdot \min(n_1, n_2, \cdots, n_N)$. 反之，当分片多项式的次数 k 给定以后，样条函数 $z = S(x, y)$ 的光滑度 μ 不会超过 $-1 + k/\min(n_1, n_2, \cdots, n_N)$.

指出样条函数类 $S_k^\mu(\mathscr{D}, T)$ 中整数 k 和 μ 的这种关系，对于在实际问题中构造多元样条函数有一定的指导意义。比如当用直线作剖分网线时(相当于 $n_1 = n_2 = \cdots = n_N = 1$ 的情况)，要想在有限元法中构造具有一阶光滑度的模型函数(即 $\mu = 1$)，(4.37)式指出分片多项式的次数不得小于 2。等等。

定理 3 中由(4.30)式给出的多项式因子 $q_{ij}(x, y)$ 称为内网线 Γ_{ij} 上的"光滑余因子"[61]。它存在，亦即指(4.30)式成立。

定理 3 指出了多元样条函数 $S(x, y) \in S_k^\mu(\mathscr{D}, T)$ 这个分片解析的函数在各胞腔上的表达式具有一种延拓性质：两相邻胞腔的表达式之间只相差一个修正项(如(4.30)式所示)。那么，这种由(4.30)式所刻划的延拓性质是否就是多元样条函数的全部结构特征呢？如果在剖分 T 下存在内网点的话，则只有这种延拓性质就不够了。为了给出多元样条函数的全部结构特征，此处还须作些准备。

如果两胞腔 $\mathscr{D}_i$ 与 $\mathscr{D}_j$ 是相邻的，则其公共内网线记为 Γ_{ij}: $\pm l_{ij}(x, y) = 0$. 若它们有两条以上的公共内网线，则分别于 Γ_{ij} 右上方标以记号，如 $\Gamma_{ij}^{(1)}, \Gamma_{ij}^{(2)}$ 等等。

因为同一条内网线 Γ_{ij} 的方程既可写成 $l_{ij}(x, y) = 0$，又可写成 $-l_{ij}(x, y) = 0$. 为讨论方便，在整个讨论过程中，每条内网线的表达式只取定一种形式，而且自始至终不予改变. 并且我们规定

$$\Gamma_{ij} = \Gamma_{ji};\ l_{ij}(x, y) = l_{ji}(x, y). \tag{4.38}$$

由(4.30)式可知 Γ_{ij} 上的光滑余因子与 Γ_{ji} 上的光滑余因子有下列关系式

$$q_{ij}(x, y) \equiv -q_{ji}(x, y). \tag{4.39}$$

设 A 为任一给定的内网点. 今按下述方法将所有过 A 点的内网线 $\{\Gamma_{ij}\}$ 中各个 i, j 的顺序作如下调整：使当一动点以 A 为心按逆时针方向转动而越过 Γ_{ij} 时，恰好从 $\mathscr{D}_j$ 跨入 $\mathscr{D}_i$. (4.40)

设 A 为一内网点，定义于 A 点的"协调条件"为

$$\Sigma_A[l_{ij}(x, y)]^{\mu+1} \cdot q_{ij}(x, y) \equiv 0, \tag{4.41}$$

其中 Σ_A 表示对一切以内网点 A 为端点的内网线所求的和，而 $q_{ij}(x, y)$ 是按(4.40)调整后的 Γ_{ij} 所对应的光滑余因子.

设将所有内网点列出为 $A_1, A_2, \cdots, A_M$，则

$$\Sigma_{A_\nu}[l_{ij}(x, y)]^{\mu+1} \cdot q_{ij}(x, y) \equiv 0,\ \nu = 1, 2, \cdots, M. \tag{4.42}$$

称为"整体协调条件"，其中对每个内网点 A_ν 的协调条件中各 $q_{ij}(x, y)$ 符合(4.41)中所作的说明.

下述定理给出了多元样条函数的本质特征.

定理 5[61] 对给定剖分 T，存在多元样条函数 $S(x, y) \in S_k^\mu(\mathscr{D}, T)$，必须且只须 $S(x, y)$ 在每一内网线上均有一光滑余因子存在，并且满足整体协调条件(4.42). 进一步，欲使 $S(x, y)$ 是非蜕化的多元样条函数，必须且只须在上述条件外再要求有非零的光滑余因子存在.

证明: 先证必要性. 设存在 $S(x, y) \in S_k^\mu(\mathscr{D}, T)$，于是由定理 3，对每条内网线 Γ 来说，多元样条函数 $S(x, y) \in S_k^\mu(\mathscr{D}, T)$ 的光滑余因子存在. 如果对应于剖分 T 来说，没有内网点存在，则必要性证完. 若假定剖分 T 有内网点存在，比如 A 是一个内网点，设其关联区域 $K(A)$ 内的胞腔为（按逆时针方向顺序排列）D_1,

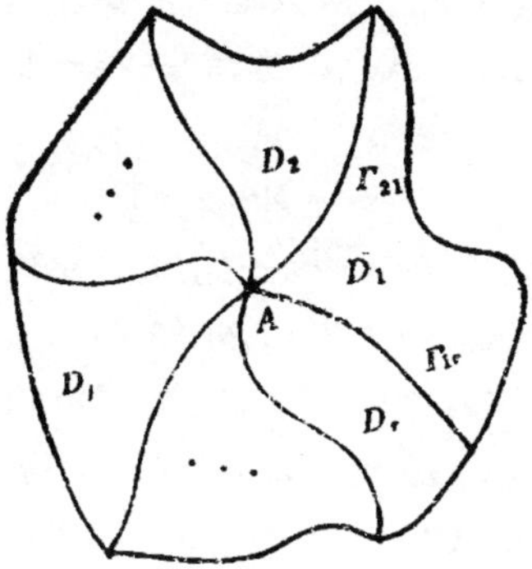

图 4.2

$D_2, \cdots, D_r$（如图 4.2 所示）. 若记多元样条函数 $z = S(x, y)$ 在 $\mathscr{D}_j$ $(j = 1, 2, \cdots, r)$ 上的表达式为 $z = P_j(x, y)$, $(x, y) \in D_j$. 则由定理 3 的 (4.30) 式, 应有

$$
\begin{aligned}
p_1(x, y) - p_2(x, y) &\equiv [l_{1r}(x, y)]^{\mu+1} \cdot q_{1r}(x, y), \\
p_2(x, y) - p_1(x, y) &\equiv [l_{21}(x, y)]^{\mu+1} \cdot q_{21}(x, y), \\
&\cdots\cdots \\
p_r(x, y) - p_{r-1}(x, y) &\equiv [l_{r,r-1}(x, y)]^{\mu+1} \cdot q_{r,r-1}(x, y),
\end{aligned} \tag{4.43}
$$

其中 $q_{ij}(x, y)$ 为 Γ_{ij} 的光滑余因子. 将(4.43)式中各式左、右两端分别相加,得到协调条件

$$\Sigma_A [l_{ij}(x, y)]^{\mu+1} \cdot q_{ij}(x, y) \equiv 0.$$

由于 A 的任意性,必要性证完.

再证充分性. 设 $S(x, y)$ 于每一内网线上均有一光滑因子存在. 则根据定理 3 可知于每两邻胞腔的并集上 $S(x, y)$ 都是具有 μ 阶连续偏导数. 这样,若相应剖分 T 来说,内网点不存在,则由定理条件和定理 3 可知函数 $S(x, y) \in S_k^\mu(\mathscr{D}, T)$ 已可保证. 下面就剖分 T 有内网点存在的情况来证明.

照图 4.2 所示的内网点 A 为例,先来证明

$$S(x, y) \in C^\mu(K(A)).$$

由前段的说明可知在 K 中任意两相邻胞腔的并集上函数 $S(x, y)$

均有μ阶的连续偏导数. 所以唯一需要证明的乃是 $S(x, y)$ 在 $K(A)$ 的各胞腔上表达式之间协调性(唯一性). 今设 $S(x, y)$ 于 D_r 上的表达式为

$$z = p_r^{(1)}(x, y).$$

则由定理 3, r 次利用光滑余因子的定义(4.30),可再次推得 $S(x, y)$ 在 D_r 上的表达式 $z = p_r^{(2)}(x, y)$ 如下:

$$\begin{aligned} p_1(x, y) &\equiv p_r^{(1)}(x, y) + [l_{1r}(x, y)]^{\mu+1} \cdot q_{1r}(x, y), \\ p_2(x, y) &\equiv p_1(x, y) + [l_{21}(x, y)]^{\mu+1} \cdot q_{21}(x, y), \\ p_r^{(2)}(x, y) &\equiv p_{r-1}(x, y) + [l_{r,r-1}(x, y)]^{\mu+1} \cdot q_{r,r-1}(x, y). \end{aligned} \tag{4.44}$$

把上述各式左、右两边分别相加,可得

$$p_r^{(2)}(x, y) \equiv p_r^{(1)}(x, y) + \Sigma_A [l_{ij}(x, y)]^{\mu+1} \cdot q_{ij}(x, y). \tag{4.45}$$

由于 $S(x, y)$ 于 A 点满足协调条件,于是 (4.45) 右端第二项为 0,即

$$p_r^{(2)}(x, y) \equiv p_r^{(1)}(x, y). \tag{4.46}$$

总之,在各内网点处协调条件满足的情况下(即满足整体协调条件),函数 $z = S(x, y)$ 于各个内网点的关联区域上的表达式总是单值(协调)的. 因此为最后完成定理 5 的充分性证明, 显然只需证明于任意两相邻内网点 A 和 B 的关联区域的并集上函数 $z = S(x, y)$ 也是单值(协调)的就够了.不妨设 A 和 B 如图 4.3 所示.由于 $K(A)$ 和 $K(B)$ 上函数 $z = S(x, y)$ 分别是单值的,所以 $S(x, y)$ 在交集 $K(A) \cap K(B)$ 上(图 4.3 的阴影部分) 也是单值的. 并且无论从 $K(A)$ 或 $K(B)$ 去看 $K(A) \cap K(B)$ 中两胞腔上函数 $z = S(x, y)$ 的表达式总是相同的. 过 B 的内网线,按前面的约定记为 $\Gamma_{21}, \Gamma_{32}, \cdots, \Gamma_{1t}$.

从 $K(B)$ 的角度去看, $z = S(x, y)$ 于 D_t 上的表达式为

$$p_t(x, y) \equiv \sum_{i=1}^{t-1} [l_{i+1,i}(x, y)]^{\mu+1} \cdot q_{i+1,i}(x, y) + p_1(x, y), \tag{4.47}$$

其中 $p_1(x, y)$ 为 $S(x, y)$ 于 D_1 上的表达式, $l_{i+1,i}(x, y) = 0$ 为 $\Gamma_{i+1,i}(i = 1, \cdots, t-1)$ 的方程式, $q_{i+1,i}(x, y)$ 为 $\Gamma_{i+1,i}$ 上的光滑

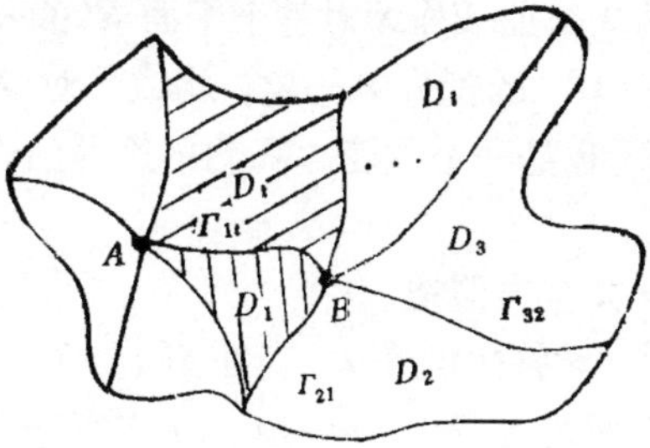

图 4.3

余因子.

又从 $K(A)$ 的角度去看, $z=S(x,y)$ 于 D_t 上的表达式为

$$\tilde{p}_t(x,y)\equiv[l_{1t}(x,y)]^{\mu+1}\cdot q_{1t}(x,y)+p_1(x,y), \tag{4.48}$$

其中 $l_{1t}(x,y)=0$ 为 Γ_{1t} 的方程式,而 $q_{1t}(x,y)$ 为其光滑余因子.

按(4.39)可知 $q_{1t}(x,y)\equiv -q_{t1}(x,y)$, 于是(4.48)又可改写为

$$\tilde{p}_t(x,y)\equiv -[l_{t1}(x,y)]^{\mu+1}\cdot q_{t1}(x,y)+p_1(x,y). \tag{4.49}$$

今将(4.47)和(4.49)左、右两边分别相减,可得

$$p_t(x,y)-\tilde{p}_t(x,y)\equiv\sum_{i=1}^{t-1}[l_{i+1,i}(x,y)]^{\mu+1}\cdot q_{i+1,i}(x,y)$$
$$+[l_{t1}(x,y)]^{\mu+1}\cdot q_{t1}(x,y). \tag{4.50}$$

注意到 (4.50) 式右端恰好是内网点 B 处的协调条件方程左端,因而其理应恒等于 0. 是故

$$p_t(x,y)\equiv\tilde{p}_t(x,y).$$

即 $S(x,y)$ 于 $K(A)\cup K(B)$ 上也是单值的. 定理 5 的充分性证完.

至于定理 5 后一部分关于非蜕化多元样条函数存在性条件的证明那是显然的. 事实上,由光滑余因子的定义可知,只要内网线 Γ 上的光滑余因子不恒等于 0, 则在以 Γ 为公共网线的相邻两胞腔上,样条函数 $z=S(x,y)$ 便不会恒等. 也即 $S(x,y)$ 是非蜕化的. 至此定理 5 全部证完.

若闭区域 $\mathscr{D}$ 的边界由一些不可约代数曲线所组成. 我们并

以这些不可约代数曲线作为对整个平面 R^2 的一些剖分内网线.它们连同原来对 $\mathscr{D}$ 的剖分 T 一起，构成了对 R^2 的一个剖分 $\bar{T}$. 此时 $R^2-\mathscr{D}$ 也是一个胞腔. 我们把这种剖分称为"整体剖分"，而记之为 $\bar{T}$.

和定理 5 完全类似地,有

定理 6[61] 对整体剖分 $\bar{T}$, 存在 $S(x,y)\in S_k^\mu(R^2,\bar{T})$, 必须且只须对每一条网线,函数 $z=S(x,y)$ 均有一光滑余因子存在,并且满足整体协调条件

$$\Sigma_{A_\nu}[l_{ij}(x,y)]^{\mu+1}\cdot q_{ij}(x,y)\equiv 0,$$

$$\nu=1,2,\cdots,M, \tag{4.51}$$

其中 A_ν 取遍一切网点. 进而，欲使非蜕化的多元样条函数 $S(x,y)\in S_k^\mu(R^2,\bar{T})$ 存在，必须且只须在上述条件外再加上具有非零光滑余因子的网线存在的条件.

因为对于整体剖分 $\bar{T}$ 来说,所有的网点都是内网点，于是剩下的证明就和定理 5 一模一样了.

因为 xy 平面上任一条直线

$$\Gamma: l(x,y)\equiv ax+by+c=0.$$

显然是一条不可约代数曲线. 所以对于以直线段作为网线的剖分 T 来说,定理3—6都是成立的. 为在有限元法中应用方便起见,特将它们前两个类似的结论列如下:

定理 7[61] 设 $z=S(x,y)$ 在相邻胞腔 $\mathscr{D}_i$ 和 $\mathscr{D}_j$ 上的表达式分别为 k 次多项式 $z=p_i(x,y)$ 和 $z=p_j(x,y)$. 为使 $S(x,y)\in C^\mu(\mathscr{D}_i\cup\mathscr{D}_j)$, 必须且只须存在多项式 $q_{ij}(x,y)\in \mathbf{P}_{k-\mu-1}$, 使得

$$p_i(x,y)-p_j(x,y)=[l_{ij}(x,y)]^{\mu+1}\cdot q_{ij}(x,y), \tag{4.52}$$

其中 $\Gamma_{ij}: l_{ij}(x,y)\equiv a_ix+b_iy+c_i=0$ 为 $\mathscr{D}_i$ 与 $\mathscr{D}_j$ 的公共内网线.

定理 8[61] 对给定剖分 T, 存在多元样条函数 $S(x,y)\in S_k^\mu(\mathscr{D},T)$, 必须且只须 $S(x,y)$ 在每一内网线上均有一光滑余因子存在,并且满足整体协调条件

$$\Sigma_{A_\nu}[l_{ij}(x,y)]^{\mu+1}\cdot q_{ij}(x,y)\equiv 0, \tag{4.53}$$

其中 A_ν 取遍一切内网点，Γ_{ij}：$l_{ij}(x, y) \equiv a_{ij}x + b_{ij}y + c_{ij} = 0$ 为过 A_ν 的内网线，$q_{ij}(x, y) \in H_{k-\mu-1}$ 为 Γ_{ij} 上的光滑余因子.

上述一些定理可用以分析若干多元样条函数的存在性. 所得结论对于解数学物理问题的有限元法中模型函数的构造是有益的.

命题 9[61] 对一般的三角剖分来说，非蜕化的多元样条函数 $S(x,y) \in S_2^1$ 不一定总存在.

事实上，对于图 4.4 所示的三角形 ABC 的剖分 T 来说，过内网点 p 的三条内网线为

Γ_{21}：$x - 1 = 0$，

Γ_{32}：$y - x = 0$，

Γ_{13}：$y - 1 = 0$.

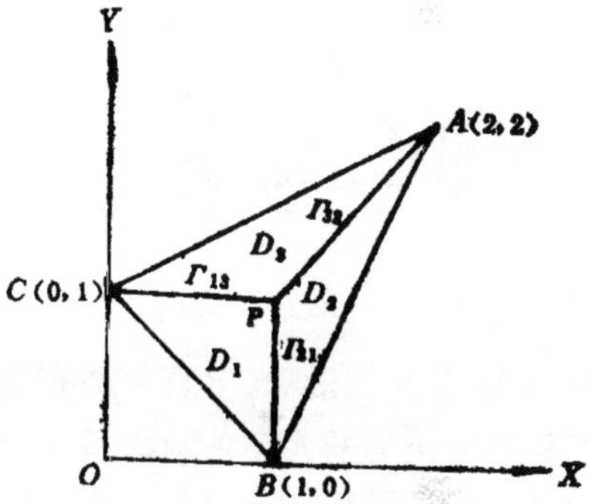

图 4.4

设 $S(x, y)$ 于 Γ_{21}，Γ_{32} 上的光滑余因子分别为 c_{21}，c_{32} 和 c_{13}. 则整体协调条件为

$$c_{21}(x-1)^2 + c_{32}(y-x)^2 - c_{13}(y-1)^2 \equiv 0. \quad (4.54)$$

按多项式恒等条件，(4.54)左端关于 $1, x, y, x^2, xy$ 以及 y^2 的各系数应为 0，此即

$$\begin{cases} c_{21} - c_{13} = 0, \\ -c_{21} = 0, \\ 2c_{13} = 0, \\ c_{21} + c_{32} = 0, \\ -2c_{32} = 0, \\ c_{32} - c_{13} = 0. \end{cases} \quad (4.55)$$

显然(4.55)只有零解

$$c_{21} = c_{32} = c_{13} = 0.$$

从而命题 9 成立.

命题 9 说明，在应用有限元法时，要得到 C^1 类中的模型函数，

则对应于三角形剖分中的各胞腔(三角形)上多项式次数必须大于等于 3 (除非特殊剖分).

命题 10[61] 对一般的三角形剖分来说，具有边界约束的非蜕化样条函数 $S(x, y) \in S_4^1$ 不总存在.

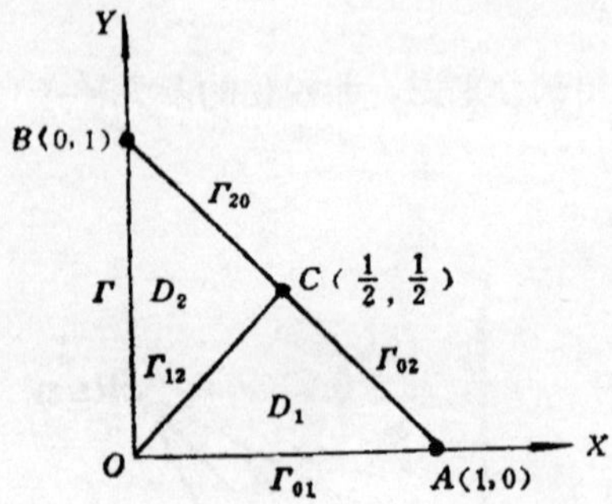

图 4.5

设区域 D 为图 4.5 所示的三角形 AOB. 对其作如图 4.5 的剖分 T. 于是其剖分线为

$$\Gamma_{01}: y = 0,$$
$$\Gamma: x = 0,$$
$$\Gamma_{12}: x - y = 0,$$
$$\Gamma_{20} = \Gamma_{02}: \quad x + y - 1 = 0.$$

假定边界约束条件为 $S(x, y)$ 于三角形 AOB 区域外恒等于 0. 于是该问题相当于一个整体剖分下的多元样条函数 $S(x, y)$ 的存在性问题. 由定理 6，该多元样条函数 $S(x, y)$ 在网点 A 处，应该满足协调条件

$$\begin{aligned}&(x + y - 1)^2(b_0 + b_1x + b_2y + b_3x^2 + b_4xy + b_5y^2)\\&\quad + y^2(a_0 + a_1x + a_2y + a_3x^2 + a_4xy + a_5y^2)\\&\quad \equiv 0,\end{aligned} \tag{4.56}$$

其中 $q_{01}(x, y) = a_0 + a_1x + a_2y + a_3x^2 + a_4xy + a_5y^2$,

$$q_{02}(x, y) = b_0 + b_1x + b_2y + b_3x^2 + b_4xy + b_5y^2$$

分别为 Γ_{01} 和 Γ_{02} 上的光滑余因子.

整理(4.56)式左端可得

$$\begin{aligned}&b_0 + (b_1 - 2b_0)x + (b_2 - 2b_0)y + (b_3 - 2b_1)x^2\\&\quad + (b_4 + 2b_0 - 2b_1 - 2b_2)xy\\&\quad + (a_0 + b_0 + b_5 - 2b_2)y^2 + (b_1 - 2b_3)x^3\\&\quad + (b_2 + 2b_1 - 2b_4 - 2b_3)x^2y\\&\quad + (a_1 + b_1 + 2b_2 - 2b_5 - 2b_4)xy^2 + (a_2 + b_2 - 2b_5)y^3\\&\quad + b_3x^4 + (b_4 + 2b_3)x^3y + (a_3 + b_5 + b_3 + 2b_4)x^2y^2\end{aligned}$$

$$+ (a_1 + b_4 + 2b_5)xy^2 + (a_5 + b_5)y^4 \equiv 0.$$

令其各系数为 0，并求解之，得到

$$\begin{aligned} & b_0 = b_1 = b_2 = b_3 = b_4 = 0, \\ & a_0 = - \quad {}_5, \ a_1 = 2b_5, \ a_2 = 2b_5, \\ & a_3 = - b_5, \ a_4 = -2b_5, \ a_5 = - b_5. \end{aligned} \tag{4.57}$$

这说明为使在 A 处满足协调条件，必须

$$\begin{aligned} & q_{02}(x, y) = b_5 y^2, \\ & q_{01}(x, y) = - b_5(x + y - 1)^2. \end{aligned} \tag{4.58}$$

根据约束条件及光滑余因子的定义，$z = S(x, y)$ 于胞腔 D_1 处的表达式为

$$p_1(x, y) = by^2(x + y - 1)^2.$$

对 B 点处协调条件的分析可知 $z = S(x, y)$ 于 D_2 处的表达式为

$$p_2(x, y) = cx^2(x + y - 1)^2.$$

由定理 3，$p_1(x, y) - p_2(x, y)$ 应能被 $(x - y)^2$ 所整除．从而推出 $by^2 - cx^2$ 能被 $(z - y)^2$ 所整除，于是必有

$$b = c = 0,$$

从而 $z = S(x, y)$ 是一个处处恒等 0 的蜕化多元样条函数．故命题 10 成立．

命题 10 说明，若 D 的边界具有约束条件(如边界条件等)，要想对任意三角形剖分得到属于 C^1 类的模型函数，分片多项式的次数一般要在 5 阶以上，除非对三角剖分加以特殊选择．从这种意义上解释有限元中 A. Ženišek[64] 关于 S_5^1 的结果也就比较自然了． 本文作者之一曾在[66]中讨论了在特殊三角剖分下，二元四次样条函数插值问题以及其在有限元中的应用．

设对区域 D 进行的剖分 T 是这样的剖分，其所有内网线为一些贯穿区域 D 的直线切割而成，如图 4.6 所示，则称剖分 T 为“贯穿剖分”．对于这类剖分来说，多元样条函数的存在性问题就比较简单了．

定理 11[61] 只要剖分 T 是贯穿剖分，则非蜕化的多元样条函数 $S(x, y) \in S_k^\mu(\mathscr{D}, T)(k \geqslant \mu + 1)$ 恒存在．

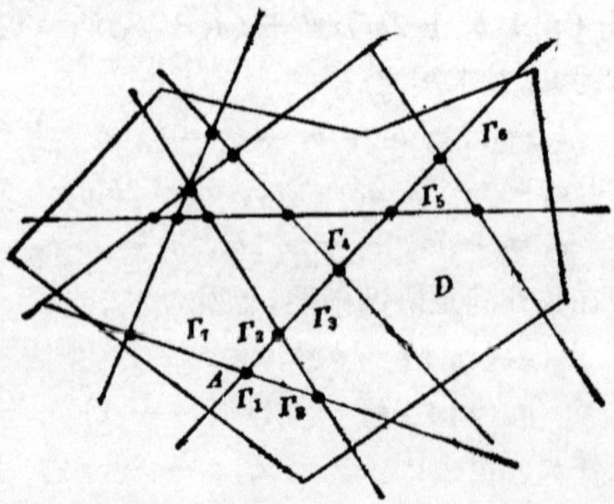

图 4.6

事实上，只须对由同一条直线切割产生的所有内网线，如图 4.6 中 Γ_1，Γ_2，Γ_3，Γ_4，Γ_5 和 Γ_6 任意规定同一个非零多项式 $q(x, y) \in \mathbf{P}_{k-\mu-1}$（符号正、负交错）为它们的光滑余因子．而且对某一任意指定的胞腔 D_0，任意给定 $z = S(x, y)$ 的表达式为
$z = p_0(x, y) \in \mathbf{P}_k$.
则由此而确定的 $z = S(x, y)$ 必为 $S_k^\mu(\mathscr{D}, T)$ 上的样条函数．因为按这种规定，每一内网线上均有光滑余因子存在，所以为证定理 11 关键是检验各内点处协调条件是否满足．如图 4.6 中的内网点 A，由贯穿剖分的定义，过 A 的内网线必有偶数条，而且按光滑余因子的取法，具同一表达式的内网线之光滑余因子正好反号，是故 $K(A)$ 上的协调条件得以满足．最后根据定理 5 即知定理 11 成立．

注意到通常的矩形剖分乃是一种特定的贯穿剖分，因此作为定理 11 的直接推论，有

推论 12[61]　在矩形剖分下，非蜕化的多元样条函数

$$z = S(x, y) \in S_k^\mu(\mathscr{D}, T)\ (k \geqslant \mu + 1)$$

恒存在．

由此可知，对于矩形剖分 T 来说，非蜕化的多元样条函数 $z = S(x, y) \in S_2^1(\mathscr{D}, T)$ 恒存在．这和三角形剖分时的命题 9 是

不同的．从这种意义上讲，矩形剖分也有其一定的优点．

下面定理说明在给定 μ 的前提下，只要把 k 取得适当大，总存在多元样条函数 $S(x, y) \in S_k^\mu(\mathscr{D}, T)$.

定理 13[61] 任意给定非负整数 μ，无论对区域 $\mathscr{D}$ 进行怎样的剖分 T，总可以找到适当大的正整数 k，使得非蜕化的多元样条函数 $z = S(x, y) \in S_k^\mu(\mathscr{D}, T)$ 存在．

事实上，对任一剖分 T，任一内网点 A 的协调条件形如

$$\Sigma_A[l_{ij}(x, y)]^{\mu+1} \cdot q_{ij}(x, y) \equiv 0, \qquad (4.59)$$

其中 Γ_{ij}: $l_{ij}(x, y) = 0$ 为过 A 的内网线，$q_{ij}(x, y) \in \mathbf{P}_{k-\mu-1}$ 为其相应的光滑余因子．

由(4.59)决定的是一个关于 $q_{ij}(x, y)$ 各系数的齐次线代数方程组．若过 A 的内网线有 $N(N \geqslant 2)$ 条，则该齐次线代数方程组的未知数个数为

$$M = \frac{1}{2} N \cdot (k - \mu)(k - \mu + 1),$$

而方程个数为

$$M' = \frac{1}{2}(k + 1)(k + 2).$$

所以只要 k 适当大，就必然可使 $M > M'$．于是该齐次线性方程组必有非零解存在．

定理 13 实际上从分析协调条件出发引出了 J. M. Shah[65] 的相应结论．

显然，如果区域 $\mathscr{D}$ 是一个被打有若干“洞”的复连通区域，则本节中的结论照样成立，只须把所有这些“洞”视为剖分 T 的内点即可．例如可以同样定义在每个“洞”处的协调条件(参见(4.41))，相应的整体协调条件(参照(4.42)式)，并将其中点列 $A_1, \cdots, A_M$ 理解为不仅包含所有内网点，而且也包含所有这些“洞”即可．这样一来，定理 5 将照样成立．

§3. 多元样条函数的表现定理

前节定理 3 实际上指出了多元样条函数的逐片开拓性质，这种性质使得我们十分便于给出多元样条函数的表现形式。

设区域 $\mathscr{D}$ 被剖分 T 分成有限个胞腔

$$\Delta_1, \Delta_2, \cdots, \Delta_N.$$

今于其中选定一个胞腔为“源胞腔”，譬如设 Δ_1 为源胞腔. 从源胞腔 Δ_1 出发，画一流向图，使流线 C 满足下列条件:

1° C 流遍所有胞腔各一次;

2° C 不允许穿过各网点;

3° C 穿过每条内网线的次数不多于 1.

需要指出的是，流线 C 允许有分支出现，即所画流向图并不要求是“一笔画”. 图 4.7 给出了示意图.

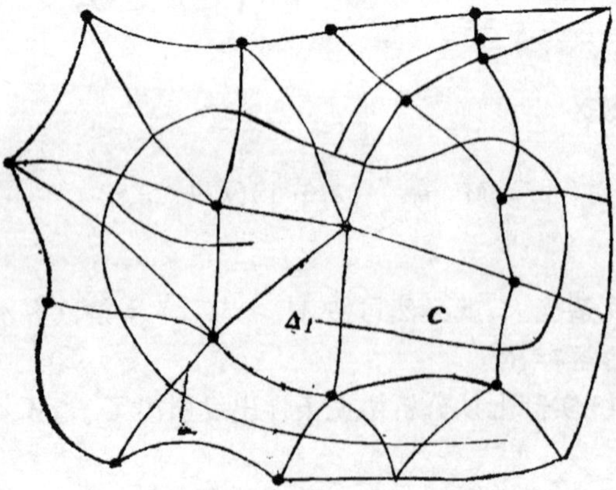

图 4.7

定义 14[62] 流线 C 所经过的内网线称为相应于 C 的本性内网线，其它内网线称为相应于流线 C 的可去内网线.

显然所谓本性内网线和可去内网线均与流线 C 的选取有关.

而流线 C 的选择是不唯一的，因而本性内网线与可去内网线只是一个相对概念。

定义 15[62] 设 C 为给定的流线，Γ_{ij}: $l_{ij}(x, y)=0$ 为 C 的任一条本性内网线。将从源胞腔出发，沿流线 C 前进时，只有越过 Γ_{ij} 以后才可能到达的所有闭胞腔的并集记为 $\cup(\Gamma_{ij}^{+})$。将从源胞腔出发，沿流线 C 前进时，在越过 Γ_{ij} 之前所经各闭胞腔的并集记为 $\cup(\Gamma_{ij}^{-})$。我们称 $\cup(\Gamma_{ij}^{+})-\cup(\Gamma_{ij}^{-})$ 为 Γ_{ij} 的"前方"，记为 $f_r(\Gamma_{ij})$:

$$f_r(\Gamma_{ij})=\cup(\Gamma_{ij}^{+})-\cup(\Gamma_{ij}^{-}). \tag{4.60}$$

定义 16[62] 设 Γ_{ij}: $l_{ij}(x, y)=0$ 为相应于流线 C 的任意本性内网线。定义多元非乘积型截断多项式为

$$[l_{ij}(x, y)]_*^m=\begin{cases}[l_{ij}(x, y)]^m, & \text{当 } (x, y)\in f_r(\Gamma_{ij}),\\ 0, & \text{当 } (x, y)\in \mathscr{D}-f_r(\Gamma_{ij}).\end{cases} \tag{4.61}$$

显然，此处定义的多元非乘积型截断多项式 $[l_{ij}(x, y)]_*^m$ 是一元截断多项式的一种十分自然的推广。并且反过来又可以加强一元截断多项式的直观形象。

定理 17[62] $S_k^\mu(\mathscr{D}, T)$ 中的任一样条函数 $S(x, y)$ 均可唯一地表示为

$$S(x, y)=p(x, y)+\Sigma_C[l_{ij}(x, y)]_*^{\mu+1}q_{ij}(x, y),$$
$$(x, y)\in\mathscr{D}, \tag{4.62}$$

其中 $p(x, y)\in \mathbf{P}_k$ 为 $S(x, y)$ 于源胞腔上的表达式，Σ_C 表示对所有本性内网线求和，而且当 C 越过 Γ_{ij} 时恰好从 D_j 跨入 D_i。$q_{ij}(x, y)$ 为 Γ_{ij}: $l_{ij}(x, y)=0$ 上的光滑余因子。

定理17的证明是不难的。事实上，当 (x, y) 是源胞腔中的点时，按截断多项式的定义，(4.62)式成立。当 (x, y) 属于其它任意给定的胞腔 D_r 时，按截断多项式的定义，在(4.62)式右端的截断多项式中只有从源胞腔出发顺流线 C 到该点 (x, y) 所在胞腔而必须经过的那些本性内网线的截断多项式可能不为零外，其它的均为 0。于是由定理 3 所揭示的延拓性质可知(4.62)式恰好成立。因而表现形式(4.62)于 $\mathscr{D}$ 上处处成立。

表示式(4.62)中任意给定 $p(x, y)$ 和各 $q_{ij}(x, y)$，由此而得到的函数 $S(x,y)$ 是否一定是 $S_k^\mu(\mathscr{D}, T)$ 中的多元样条函数呢？因为所得函数不一定满足整体协调条件，所以上述 $S(x, y)$ 不一定属于 $S_k^\mu(\mathscr{D}, T)$。只有当这样给定的 $p(x,y)$ 和各 $q_{ij}(x, y)$ 所决定的(按(4.62))函数 $z = S(x, y)$ 满足定理 5 的条件时，$S(x,y)$ 才属于 $S_k^\mu(\mathscr{D}, T)$。

如果对相应于流线 $\boldsymbol{C}$ 的所有可去内网线 Γ_{ij}: $l_{ij}(x, y) = 0$，也定义其截断多项式，并且恒取

$$[l_{ij}(x, y)]_*^m \equiv 0, \quad (x, y) \in \mathscr{D}. \tag{4.63}$$

于是定理 17 又可改写为下述定理：

定理 18[62] $S_k^\mu(\mathscr{D}, T)$ 中的任一样条函数 $S(x, y)$ 均可唯一地表现为

$$S(x, y) = p(x, y) + \Sigma'_C[l_{ij}(x, y)]_*^{\mu+1} q_{ij}(x, y), \quad (x, y) \in \mathscr{D}, \tag{4.64}$$

其中 Σ'_C 为对一切内网线 Γ_{ij}: $l_{ij}(x, y) = 0$ 所求的和，相应截断多项式的定义由(4.61)和(4.63)式给出，而 $p(x, y)$ 与诸 $q_{ij}(x, y)$ 的意义同定理 17。

综合定理 18 和定理 5，可以建立如下定理 19。

定理 19[62] 对于给定的剖分 T 和确定的流线 $\boldsymbol{C}$，多元函数 $z = S(x, y)$ 是 $S_k^\mu(\mathscr{D}, T)$ 中的样条函数，必须且只须 (4.64) 式与整体协调条件(4.42)式同时被满足：

$$\begin{cases} S(x, y) = p(x, y) + \Sigma'_C[l_{ij}(x, y)]_*^{\mu+1} \cdot q_{ij}(x, y), \\ \qquad (x, y) \in \mathscr{D}, \\ \Sigma_{A_\nu}[l_{ij}(x, y)]^{\mu+1} \cdot q_{ij}(x, y) \equiv 0, \end{cases} \tag{4.65}$$

其中 A_ν 取遍所有内网点。

下面讨论矩形剖分下多元样条函数类 S_3 和 S_3^1 内函数 $z = S(x, y)$ 的表现问题。如所知，三次样条函数有很强的实际背景。然而对于二元乘积型双三次样条曲面来说，任一个既不平行于 XOZ 平面、又不平行于 YOZ 平面去截它，所得截线(是一元样条函数)一般却是分段为六次的了。这当然是不理想的。对于我们这

里引进的多元非乘积型样条函数类 S_3 与 S_3^1 来说，这样的问题就不存在了。

设对单连通的有界闭区域 $\mathscr{D}$ 进行网线平行于两坐标轴的矩形剖分 T（如图 4.8 所示）. 今任取一内网点 A. 设过 A 的四条内网线分别为

$$\begin{aligned} \Gamma_{14} = \Gamma_{32}:\ x - x_i = 0, \\ \Gamma_{21} = \Gamma_{43}:\ y - y_i = 0. \end{aligned} \tag{4.66}$$

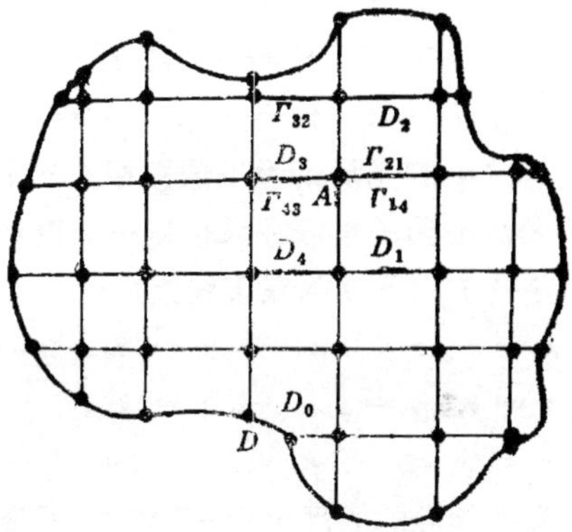

图 4.8

多元样条函数类 $S_3^1(\mathscr{D}, T)$ 于 A 点处的协调条件为

$$\begin{aligned} &(x - x_i)^2[(a_1x + b_1y + c_1) + (a_3x + b_3y + c_3) \\ &\quad + (y - y_i)^2[(\alpha_2x + \beta_2y + \gamma_2) \\ &\quad + (\alpha_4x + \beta_4y + \gamma_4)] \equiv 0, \end{aligned} \tag{4.67}$$

其中 $a_1x + b_1y + c_1$, $a_3x + b_3y + c_3$, $\alpha_2x + \beta_2y + \gamma_2$ 和 $\alpha_4x + \beta_4y + \gamma_4$ 分别为 Γ_{14}, Γ_{32}, Γ_{21} 和 Γ_{43} 上的光滑余因子.

于(4.67)式中若令 $a = a_1 + a_3$, $b = b_1 + b_3$, $c = c_1 + c_3$, $\alpha = \alpha_2 + \alpha_4$, $\beta = \beta_2 + \beta_4$, $\gamma = \gamma_2 + \gamma_4$, 则(4.67)化为

$$(ax + by + c)(x - x_i)^2 + (\alpha x + \beta y + \gamma)(y - y_i)^2 \equiv 0 \tag{4.68}$$

由此即得线性方程组

$$
\begin{cases}
cx_i^2 + \gamma y_i^2 = 0, \\
ax_i^4 - 2cx_i + \alpha y_i^2 = 0, \\
bx_i^2 + \beta y_i^2 - 2\gamma y_i = 0, \\
c - 2ax_i = 0, \\
bx_i + \alpha y_i = 0, \\
\gamma - 2\beta y_i = 0, \\
a = b = \alpha = \beta = 0.
\end{cases}
$$

解之即得

$$a = b = c = \alpha = \beta = \gamma = 0.$$

从而

$$
\begin{aligned}
&a_1 = -a_3,\ b_1 = -b_3,\ c_1 = -c_3, \\
&\alpha_2 = -\alpha_4,\ \beta_2 = -\beta_4,\ \gamma_2 = -\gamma_4.
\end{aligned}
\tag{4.69}
$$

这说明 Γ_{14} 与 Γ_{32} 的光滑余因子恰好相差一个符号. 完全类似 Γ_{21} 与 Γ_{43} 的光滑余因子也恰好只相差一个符号.

设矩形剖分 T 由下述两簇直线组成:

$$
\begin{aligned}
&x = x_1, x = x_2, \cdots, x = x_n, \\
&y = y_1, y = y_2, \cdots, y = y_m, \\
&x_1 < x_2 < \cdots < x_n,\ y_1 < y_2 < \cdots < y_m.
\end{aligned}
\tag{4.70}
$$

由多元样条函数的表现定理 17 和 18 不难推得:

定理 20[61] 在由(4.70)给出的矩形剖分 T 下，多元样条函数 $S(x, y)$ 是 $S_3^1(\mathscr{D}, T)$ 中的样条函数,必须且只须函数 $S(x, y)$ 有下述表现式

$$
\begin{aligned}
S(x, y) = p(x, y) &+ \sum_{i=1}^{r} (a_i x + b_i y + c_i)(x_i - x)_+^2 \\
&+ \sum_{i=r+1}^{n} (a_i x + b_i y + c_i)(x - x_i)_+^2 \\
&+ \sum_{i=1}^{S} (\alpha_i x + \beta_i y + \gamma_i)(y_i - y)_+^2 \\
&+ \sum_{i=S+1}^{m} (\alpha_i x + \beta_i y + \gamma_i)(y - y_i)_+^2,
\end{aligned}
\tag{4.71}
$$

其中 $p(x, y)$ 是 $S(x, y)$ 于某源胞腔

$$D_0 \subset \{(x, y) \mid x_r \leqslant x \leqslant x_{r+1}, \ y_s \leqslant y \leqslant y_{s+1}\}$$

上的表达式,而 $u_+ = \max\{u, 0\}$.

按同样的分析方法可以推得

定理 21[61] 在由(4.70)给出的矩形剖分 T 下,多元函数 $S(x, y)$ 是 $S_3(\mathscr{D}, T)$ 中的样条函数,必须且只须函数 $S(x, y)$ 有下述表达式

$$\begin{aligned} S(x, y) = p(x, y) &+ \sum_{i=1}^{r} c_i(x_i - x)_+^3 \\ &+ \sum_{i=r+1}^{n} c_i(x - x_i)_+^3 \\ &+ \sum_{i=1}^{s} c_i(y_i - y)_+^3 \\ &+ \sum_{i=s+1}^{m} c_i(y - y_i)_+^3, \end{aligned} \tag{4.72}$$

其中 $p(x, y)$ 与 u_+ 的意义同定理 20.

由(4.71)和(4.72)给出的矩形剖分下多元样条函数类 $S_3^1(\mathscr{D}, T)$ 和 $S_3(\mathscr{D}, T)$ 的表达式并不比一元样条函数的表达式复杂多少. 它为矩形剖分下样条函数的理论分析提供了方便.

有了本节给出的多元样条函数的一般表达式，人们就可以进一步考虑任意剖分下多元样条函数插值,最佳逼近,高维数值积分以及其它一些有关的理论和应用问题.

§4. 多元样条函数的插值问题

上节中给出了多元样条函数类 $S_k^\mu(\mathscr{D}, T)$ 的表现定理. 它们为我们讨论多元样条函数的插值问题提供了依据.

下面我们从 (4.65) 式出发来研究多元样条函数插值问题, 此处仅讨论直线剖分的情况.

对于给定区域 $\mathscr{D}$ 的确定剖分 T，因为任一样条函数 $S(x, y) \in S_k^\mu(\mathscr{D}, T)$ 均可用(4.65)式来表示，为讨论方便特把所有内网线编上号，而重新排列为

$$l_1(x, y) = 0,\ l_2(x, y) = 0,\ \cdots,\ l_m(x, y) = 0.$$

因为对应于 $\Gamma_i: l_i(x, y) = 0$ 的光滑余因子 $q_i(x, y)$ 是 $\mathbb{P}_{k-\mu-1}$ 中的多项式，所以如果记

$$d(\gamma) = \binom{\gamma + 2}{2}, \tag{4.73}$$

则 $q_i(x, y)$ 中系数共 $d(k - \mu - 1)$ 个. 将它们按顺序排成向量

$$\boldsymbol{Q}_i = (q_i^{(1)}, q_i^{(2)}, \cdots, q_i^{(d(k-\mu-1))}), \tag{4.74}$$

并形成 $md(k - \mu - 1)$ 维向量

$$\boldsymbol{Q} = (\boldsymbol{Q}_1, \boldsymbol{Q}_2, \cdots, \boldsymbol{Q}_m)^T. \tag{4.75}$$

于是整体协调条件(4.42)可化成如下的齐次线性方程组

$$[B] \cdot \boldsymbol{Q} = \boldsymbol{O}, \tag{4.76}$$

其中矩阵 $[B]$ 中各元素由各 $[l_i(x, y)]^{\mu+1}$ 展开式的系数组成.

按前面说明，可以把(4.65)式中的第一个表达式写成

$$S(x, y) = p(x, y) + \sum_{i=1}^{m} [l_i(x, y)]_*^{\mu+1} \cdot q_i(x, y). \tag{4.77}$$

引入记号

$$\begin{aligned}
&\boldsymbol{X}^{(j)} = (x^j, x^{j-1}y, \cdots, xy^{j-1}, y^j),\\
&\boldsymbol{W}_1(x, y) = (X^{(0)}, X^{(1)}, \cdots, X^{(k)}),\\
&\boldsymbol{W}_2(x, y) = ([l_1(x, y)]_*^{\mu+1}X^{(0)},\\
&\cdots, [l_1(x, y)]_*^{\mu+1} \cdot X^{(k-\mu-1)}, \cdots, [l_m(x, y)]_*^{\mu+1} \cdot X^{(0)},\\
&\cdots, [l_m(x, y)]_*^{\mu+1} \cdot X^{(k-\mu-1)}),\\
&\boldsymbol{W}(x, y) = (\boldsymbol{W}_1(x, y), \boldsymbol{W}_2(x, y)).
\end{aligned} \tag{4.78}$$

于是(4.77)式可写成

$$\begin{aligned}
S(x, y) &= \boldsymbol{W}(x, y)\binom{\boldsymbol{P}}{\boldsymbol{Q}}\\
&= \boldsymbol{W}_1(x, y) \cdot \boldsymbol{P} + \boldsymbol{W}_2(x, y) \cdot \boldsymbol{Q},
\end{aligned} \tag{4.79}$$

其中 $\boldsymbol{P}$ 为 $p(x, y)$ 系数作成的列向量:

$$p(x, y) = X^{(k)} \cdot \boldsymbol{P}. \tag{4.80}$$

这样一来,(4.65)式可化为下述带约束条件的线性表达式

$$\begin{cases} S(x, y) = \boldsymbol{W}_1(x, y)\boldsymbol{P} + \boldsymbol{W}_2(x, y)\boldsymbol{Q}, \\ [B]\boldsymbol{Q} = \boldsymbol{O}. \end{cases} \tag{4.81}$$

设矩阵 $[B]$ 的秩数为 τ, 则(4.81)第二式所示的齐次线性方程组解空间的维数为

$$\lambda = m \cdot d(k - \mu - 1) - \tau.$$

取定它的一组基础解系

$$\boldsymbol{q}_1, \boldsymbol{q}_2, \cdots, \boldsymbol{q}_\lambda,$$

则任一满足(4.81)第二式的解 $\boldsymbol{Q}$ 必可表为

$$\boldsymbol{Q} = \alpha_1\boldsymbol{q}_1 + \alpha_2\boldsymbol{q}_2 + \cdots + \alpha_\lambda\boldsymbol{q}_\lambda, \tag{4.82}$$

其中 $\alpha_1, \alpha_2, \cdots, \alpha_\lambda$ 为实数.

以(4.82)代入(4.81)即得到

$$S(x, y) = \boldsymbol{W}_1(x, y)\boldsymbol{P} + (\boldsymbol{W}_2(x, y)\boldsymbol{q}_1, \boldsymbol{W}_2(x, y)\boldsymbol{q}_2, \cdots, \boldsymbol{W}_2(x, y)\boldsymbol{q}_\lambda) \cdot \boldsymbol{\alpha}, \tag{4.83}$$

其中 $\boldsymbol{\alpha} = (\alpha_1, \alpha_2, \cdots, \alpha_\lambda)^T$.

从以上分析可知,下述定理和命题成立.

定理 22[62] 为使 $S(x, y) \in S_k^\mu(\mathscr{D}, T)$, 必须且只须 $\boldsymbol{P}$ 和 $\boldsymbol{\alpha}$ 使得(4.83)式成立.

命题 23[61,62] 二元样条函数空间 $S_k^\mu(\mathscr{D}, T)$ 的维数为

$$\dim S_k^\mu(\mathscr{D}, T) = \binom{k+2}{2} + m\binom{k-\mu+1}{2} - \tau, \tag{4.84}$$

其中 m 是内网线数, τ 为由整体协调条件所确定的线性方程组(4.76)中系数矩阵 $[B]$ 的秩数.

采用这个基本的维数公式, 可以计算出各种特定样条空间的维数,并为讨论它们的基函数提供了方便.

按照定理 22,多元样条函数插值问题可转化为寻求 $\boldsymbol{P}$ 和 $\boldsymbol{\alpha}$, 使得 $S(x, y)$ 满足所给插值条件的问题. 而这个问题正是一个基

本的线性代数问题。

为行文方便，记 $\Delta=\binom{k+2}{2}+m\binom{k-\mu+1}{2}-\tau$. 设 $\mathscr{L}_1, \mathscr{L}_2, \cdots, \mathscr{L}_\Delta$ 是一些给定的线性算子，它们之间不必排除相等的可能性。它们可以是各种各样的线性算子。如一般恒等算子

$$\mathscr{L} S(x, y) \equiv S(x, y);$$

各种微分算子

$$\mathscr{L} S(x, y) \equiv \frac{\partial^n}{\partial x^i \partial y^{n-i}} S(x, y);$$

积分线性泛函数

$$\mathscr{L} S(x, y)=\iint_D \rho(x, y) S(x, y) d x d y,$$

其中权函数 $\rho(x, y)$ 满足条件

$$\rho(x, y) \geqslant 0, \quad (x, y) \in D,$$
$$\iint_D \rho(x, y) d x d y>0.$$

等等。

对于给定的插值节点

$$(x_j, y_j), \quad j=1, 2, \cdots, \Delta. \tag{4.85}$$

考虑插值问题

$$\mathscr{L}_j S(x_j, y_j)=z_j, \quad j=1, 2, \cdots, \Delta, \tag{4.86}$$

其中 $z_1, z_2, \cdots, z_\Delta$ 为一组给定的实常数，并且当 $i \neq j$ 时，并不一定要求

$$\mathscr{L}_i \neq \mathscr{L}_j, \quad (x_i, y_i) \neq (x_j, y_j), \tag{4.87}$$

即可以在同一点 (x_i, y_i) 处要求满足若干阶偏导数的插值条件，或者在不同点要求满足相同阶偏导数的插值条件等等。

在文献[62]中建立了多元样条插值的基本定理：

定理 24[62] 为使对任意给定的 $z_1, z_2, \cdots, z_\Delta$ 而言插值问题(4.85)，(4.86)均有唯一解存在，必须且只须

$$\delta \equiv \det \begin{pmatrix} \mathscr{L}_1 \boldsymbol{W}_1(x_1, y_1), \mathscr{L}_1 \boldsymbol{W}_2(x_1, y_1)\boldsymbol{q}_1, \cdots, \mathscr{L}_1 \boldsymbol{W}_2(x_1, y_1)\boldsymbol{q}_\lambda \\ \mathscr{L}_2 \boldsymbol{W}_1(x_2, y_2), \mathscr{L}_2 \boldsymbol{W}_2(x_2, y_2)\boldsymbol{q}_1, \cdots, \mathscr{L}_2 \boldsymbol{W}_2(x_2, y_2)\boldsymbol{q}_\lambda \\ \cdots\cdots\cdots\cdots\cdots\cdots\cdots\cdots\cdots \\ \mathscr{L}_\Delta \boldsymbol{W}_1(x_\Delta, y_\Delta), \mathscr{L}_\Delta \boldsymbol{W}_2(x_\Delta, y_\Delta)\boldsymbol{q}_1, \cdots, \mathscr{L}_\Delta \boldsymbol{W}_2(x_\Delta, y_\Delta)\boldsymbol{q}_\lambda \end{pmatrix} \neq 0. \tag{4.88}$$

事实上，因为对任意给定的右端 $z_1, z_2, \cdots, z_\Delta$ 而言，插值问题(4.85)，(4.86)均有唯一解存在，这等价于相应齐次线性方程组只有零解.而由线代数方程组理论可知，这又等价于(4.88)式成立.

从表面上看去，条件(4.88)似乎依赖于基础解系 $\boldsymbol{q}_1, \boldsymbol{q}_2, \cdots, \boldsymbol{q}_\lambda$ 的特定选择。这里我们必须指出，(4.88)式成立与否是和基础解系的选取无关的。事实上，当选择另一组基础解系 $\boldsymbol{q}'_1, \boldsymbol{q}'_2, \cdots, \boldsymbol{q}'_\lambda$ 时，与(4.88)相对应的矩阵的后 λ 列同原矩阵的后 λ 列之间是可以相互表示的，因为 $\boldsymbol{q}_1, \boldsymbol{q}_2, \cdots, \boldsymbol{q}_\lambda$ 和 $\boldsymbol{q}'_1, \boldsymbol{q}'_2, \cdots, \boldsymbol{q}'_\lambda$ 都是(4.76)的解空间的基底。于是它们同时添加第一列

$$(\mathscr{L}_1 \boldsymbol{W}_1(x_1, y_1), \mathscr{L}_2 \boldsymbol{W}_1(x_2, y_2), \cdots, \mathscr{L}_\Delta \boldsymbol{W}_1(x_\Delta, y_\Delta))^T$$

以后所得矩阵的秩数是相同的。即(4.88)式成立与否，不受 $\boldsymbol{q}_1, \boldsymbol{q}_2, \cdots, \boldsymbol{q}_\lambda$ 的特定选择的影响。

这样一来，定理 24 还可陈述为：

定理 25[62] 为使对任意给定的 $z_1, z_2, \cdots, z_\Delta$ 而言插值问题(4.85)，(4.86)均有唯一解存在，必须且只须存在(4.76)的某基础解系 $\boldsymbol{q}_1, \boldsymbol{q}_2, \cdots, \boldsymbol{q}_\Delta$，使得(4.88)式成立.

进一步可以根据线代数方程组的具体求解方法建立

定理 26[62] 当(4.88)式满足时，插值问题(4.85)，(4.86)的解 $S(x, y)$ 可以从下述行列式方程解出

$$\begin{vmatrix} S(x,y), & \boldsymbol{W}_1(x, y), & \boldsymbol{W}_2(x, y)\boldsymbol{q}_1, \cdots, & \boldsymbol{W}_2(x, y)\boldsymbol{q}_\lambda \\ z_1, & \mathscr{L}_1 \boldsymbol{W}_1(x_1, y_1), & \mathscr{L}_1 \boldsymbol{W}_2(x_1, y_1)\boldsymbol{q}_1, \cdots, & \mathscr{L}_1 \boldsymbol{W}_2(x_1, y_1)\boldsymbol{q}_\lambda \\ \vdots & \vdots & \cdots\cdots\cdots\cdots & \vdots \\ z_\Delta, & \mathscr{L}_\Delta \boldsymbol{W}_1(x_\Delta, y_\Delta), & \mathscr{L}_\Delta \boldsymbol{W}_2(x_\Delta, y_\Delta)\boldsymbol{q}_1, \cdots, & \mathscr{L}_\Delta \boldsymbol{W}_2(x_\Delta, y_\Delta)\boldsymbol{q}_\lambda \end{vmatrix} \tag{4.89}$$

亦即

$$S(x, y) = \sum_{i=1}^{d(k)} \frac{\delta_0^{(i)}}{\delta} W_1^{(i)}(x, y) + \sum_{j=1} \frac{\delta_j}{\delta} W_2(x, y) \cdot q_j, \qquad (4.90)$$

其中 $\delta_j (j = 1, \cdots, \lambda)$ 为以 $(z_1, z_2, \cdots, z_\Delta)^T$ 替换 (4.88) 式中的行列式的第 $j + d(k)$ 列所得行列式的 $(-1)^{j+d(k)-1}$ 倍，$\delta_0^{(i)} (i = 1, 2, \cdots, d(k))$ 为以 $(z_1, z_2, \cdots z_\Delta)^T$ 替代(4.88)中的行列式的第 i 列所得行列式$(-1)^{i-1}$ 倍，而 $W_1^{(i)}(x, y)$ 为 $W_1(x, y)$ 的第 i 个分量。

定理 24 至定理 26 从理论上解决了任意剖分下，多元样条函数的插值问题。在整个讨论过程中，还给出了多元样条插值的最一般的计算步骤和计算公式。

下面给出了两个具体计算实例。

例 1 设区域D为由图 4.9 所示的三角形△123。图上各点坐标为

1(1, 0)，2(0, 1)，3(−1, −1)，
4(1/2, 1/2)，5(2/3, 1/3)，6(0, 1/2)，
7(0, 0)，8(−1/3, 1/3)，9(1/3, −1/3)，
10(−1/2, 0)，11(0, −1/2)，12(1/3, 1/3)。

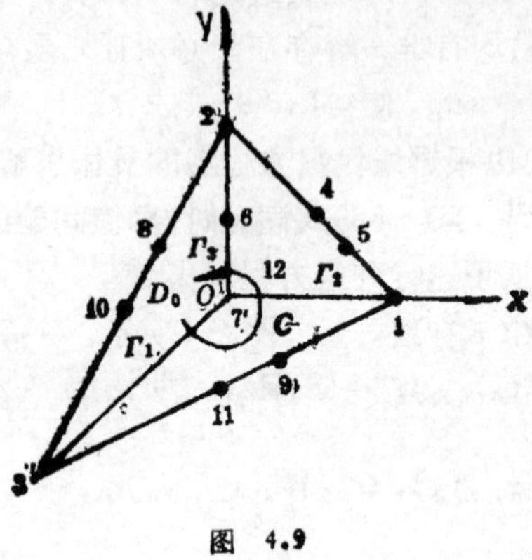

图 4.9

显然

$\Delta = d(3) + 3d(1) - 7 = 12$ 对于给定的函数 $z = x^2y^2$，在图 4.9 所示的剖分 T 下，欲构造 $S(x, y) \in S_3^1(\mathscr{D}, T)$，使得

$$S(x, y)|_{i点} = x^2y^2|_{i点}, \quad i = 1, 2, \cdots, 12. \tag{4.91}$$

由定理 24 和 25，算得

$$S(x, y) = p(x, y) + \sum_{j=1}^{3} [l_j(x, y)]_*^2 \cdot q_j(x, y), \tag{4.92}$$

其中

$$\begin{aligned} p(x) = & - 0.092593x - 0.092593x^2 + 0.38889xy \\ & + 0.96295x^3 - 1.6111x^2y + 0.037075y^3, \\ q_1(x, y) = & - 0.77778x + 0.11111y, \\ q_2(x, y) = & \ x - 0.11111y, \\ q_3(x, y) = & - 0.77778x + 1.66667y. \end{aligned}$$

例 2 设区域 D 为图 4.10 所示的正六边形，其中各点坐标为

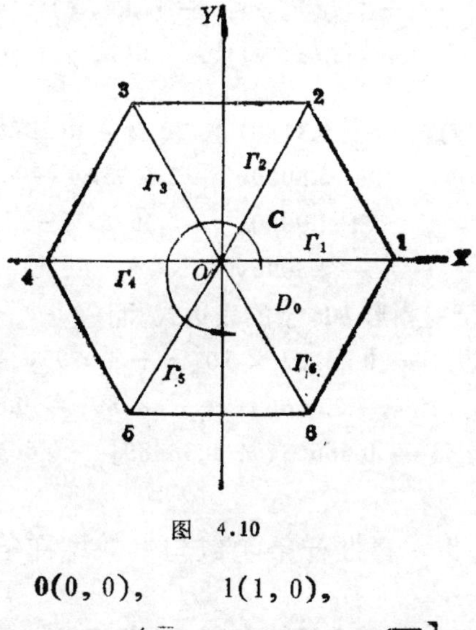

图 4.10

$$0(0, 0), \qquad 1(1, 0),$$

$$2\left(\frac{1}{2}, \frac{\sqrt{3}}{2}\right), \quad 3\left(-\frac{1}{2}, \frac{\sqrt{3}}{2}\right),$$

$$4(-1,0),\quad 5\left(-\frac{1}{2},-\frac{\sqrt{3}}{2}\right),$$

$$6\left(\frac{1}{2},-\frac{\sqrt{3}}{2}\right).$$

对其上定义的 $S_3^1(\mathscr{D},T)$ 中的函数给予强制协调条件，即要求 Γ_2,Γ_5; Γ_1,Γ_4; Γ_3,Γ_6 上的光滑余因子两两只相差一个符号．插值条件为

$$S(0,0)=1,$$

$$\frac{\partial}{\partial x}S(x_i,y_i)=\frac{\partial}{\partial y}S(x_i,y_i)=S(x_i,y_i)=0,$$

$$i=1,2,3,4,5,6.$$

我们用上述方法，算得满足如上插值条件的样条函数 $S(x,y)\in S_3^1(\mathscr{D},T)$ 为

$$\begin{aligned}S(x,y)=p(x,y)&+\{[l_1(x,y)]_*^2-[l_4(x,y)]_*^2\}q_1(x,y)\\&+\{[l_2(x,y)]_*^2-[l_5(x,y)]_*^2\}q_2(x,y)\\&+\{[l_6(x,y)]_*^2-[l_3(x,y)]_*^2\}q_3(x,y),\end{aligned}$$

其中

$$\begin{aligned}p(x,y)=1&+0.31807\times10^{-5}x-0.23285\times10^{-5}y\\&-3.0000x^2-2.3095xy-4.3335y^2\\&+2.0000x^3+2.3095x^2y+1.9999xy^2\\&-2.3096y^3\end{aligned}$$

为 $S(x,y)$ 于三角形 106 上的表达式，而

$$\begin{aligned}q_1(x,y)&=0.26182\times10^{-4}x+3.0795y+2.6668,\\q_2(x,y)&=-0.66665x+0.38489y-0.66668,\\q_3(x,y)&=0.66668x+0.38489y-0.66668.\end{aligned}$$

§5. 高维样条函数与参数型样条函数

鉴于一般 n 维样条函数 $(n\geqslant4)$ 与三维样条函数之间已无任何实质性差别，此处仅就三维样条函数陈述之． 其所有结果都可

以毫无困难地推广至更高维空间的情况.

设 $\mathscr{D}$ 为三维空间 $\mathbf{R}^3$ 上的一个有界闭区域. 用有限块平面

$$\pi:\ ax+by+cz+d=0,$$

对区域 $\mathscr{D}$ 作剖分 T，如图 4.11 所示. 于是 $\mathscr{D}$ 被剖分为有限个胞腔 $\mathscr{D}_1$，$\mathscr{D}_2$，$\cdots$，$\mathscr{D}_m$，它们是含于 $\mathscr{D}$ 中的三维小区域(立体)，各剖分面 π 被相互切割成一些平面多边形或曲面多边形等等. 这些平面图形,如图 4.11 中的阴影部分等统称为 T 的剖面.

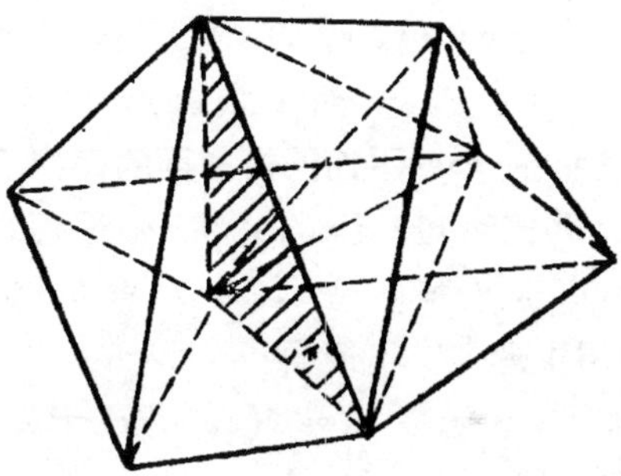

图 4.11

设 $u=S(x, y, z)$ 是定义于 $\mathscr{D}$ 上的具有 k 阶连续偏导数的函数,其在各个胞腔 $\mathscr{D}_i(i=1, 2, \cdots, m)$ 上分别为三维的 n 次多项式

$$p_i(x, y, z)=\sum_{0\leqslant\alpha+\beta+\gamma\leqslant n} c_{\alpha\beta\gamma}x^\alpha y^\beta z^\gamma, \tag{4.93}$$

则称 $u=S(x, y, z)$ 是一个定义于 $\mathscr{D}$ 上的三维样条函数,记为 $u=S(x, y, z)\in S_n^k(\mathscr{D}, T)$.

为叙述方便起见,记形如(4.93)的多项式的集合为 $\mathbf{P}_n$.

定理 27[63] 设多项式 $p(x, y, z)\in\mathbf{P}_n$ 于剖面

$$\pi:\ ax+by+cz+d=0$$

上处处为 0, 则 $p(x, y, z)$ 必可被 $l(x, y, z)=ax+by+cz+d$ 所整除,即有多项式 $q(x, y, z)\in\mathbf{P}_{n-1}$，使

$$p(x, y, z) = l(x, y, z) \cdot q(x, y, z). \tag{4.94}$$

证明 因为 $(a, b, c)^T \neq \mathbf{0}$, 不妨假定 $c \neq 0$. 今把 $p(x, y, z)$ 按 z 的降幂顺序排列为

$$p(x, y, z) = p_0(x, y) \cdot z^n + p_1(x, y) \cdot z^{n-1} + \cdots + p_{n-1}(x, y)z + p_n(x, y),$$

其中 $p_i(x, y)$ 为 x, y 的次数$\leqslant i$ 的多项式 $(i = 0, 1, \cdots, n)$. 以 $l(x, y, z) = c\left(z + \frac{a}{c}x + \frac{b}{c}y + \frac{d}{c}\right)$ 对 $p(x, y, z)$ 作带余除法,得到

$$p(x, y, z) = l(x, y, z) \cdot q(x, y, z) + r_n(x, y), \tag{4.95}$$

其中 $q(x, y, z) \in \mathbf{P}_{n-1}$, 而 $r_n(x,y)$ 为二元 n 次多项式. 因 $c \neq 0$, 所以 π 在 xoy 平面的投影面的面积不为零. 于是由定理的条件和(4.95)式可知 $r_n(x, y)$ 在 xoy 平面的某一面积不为0的区域上恒为0. 从而多项式 $r_n(x, y) \equiv 0$, 定理27得证.

反复利用定理27, 可证得

定理 28[63] 设函数 $u = S(x, y, z)$ 于相邻两胞腔 $\mathscr{D}_i$, $\mathscr{D}_j$ 处的表达式分别为 $p_i(x, y, z)$, $p_j(x, y, z)$. 为使 $u = S(x, y, z)$ 于 $\mathscr{D}_i \cup \mathscr{D}_j$ 上具有 k 阶连续偏导数,必须且只须存在 $q_{ij}(x, y) \in \mathbf{P}_{n-k-1}$, 使

$$p_i(x, y, z) - p_j(x, y, z) = [l_{ij}(x, y, z)]^{k+1} \cdot q_{ij}(x, y, z), \tag{4.96}$$

其中 $\pi_{ij}: l_{ij}(x, y, z) = 0$ 为 $\mathscr{D}_i$ 与 $\mathscr{D}_j$ 的公共内剖面.

(4.96)式中的多项式 $q_{ij}(x, y, z)$ 称为内剖面 π_{ij} 的光滑余因子. 显然 π_{ij} 的表达式既可取为 $l_{ij}(x,y,z) = 0$, 也可取为 $-l_{ij}(x, y, z) = 0$, 但此处约定在整个讨论过程中 π_{ij} 表达式只取定一种而不予更改. 并且我们还约定 π_{ij} 和 π_{ji} 的表达式相同, 都是 $l_{ij}(x, y, z) \equiv l_{ji}(x, y, z) = 0$. 于是由(4.96)知

$$q_{ij}(x, y, z) \equiv - q_{ji}(x, y, z) = 0. \tag{4.97}$$

我们称两相交剖面的交线为棱. 含于 $\mathscr{D}$ 内部的棱(两端可例外)称为内棱. 凡以某内棱为其一棱的所有胞腔的并集称为该

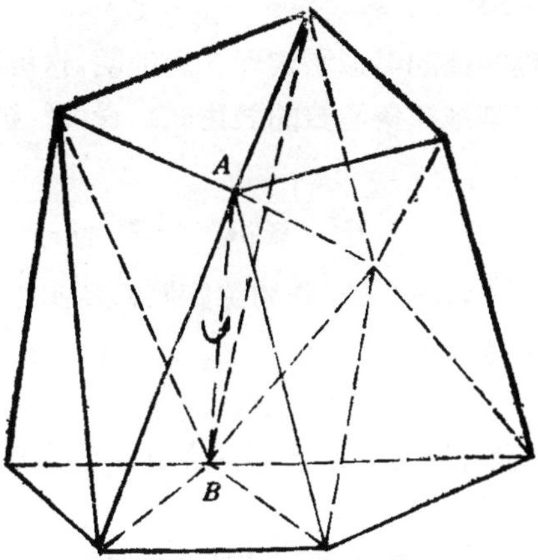

图 4.12

内棱的关联区域. 图 4.12 所示的区域即为内棱 AB 的关联区域.

对于 AB 的关联区域来说，以 BA 为轴，按右手系(图 4.12 箭头所指)可以确定各有关胞腔的一个顺序. 因为这个顺序恰好与按 AB 为轴的右手系确定的顺序相反，所以在整个讨论中，对每条内棱只规定一个旋转方向而自始至终不予改变.

今对过 AB 的一切内剖面$\{\pi_{ij}\}$中各 i, j 的顺序作如下调整：使动点按事先确定的右手系方向旋转时，总是自 $\mathscr{D}_j$ 跨入 $\mathscr{D}_i$.

内棱 AB 的关联区域上的协调条件为

$$\sum_{AB} [l_{ij}(x, y, z)]^{k+1} \cdot q_{ij}(x, y, z) \equiv 0, \qquad (4.98)$$

其中 $\sum\limits_{AB}$ 表示对一切含 AB 的内剖面所求之和，而 $q_{ij}(x, y, z)$ 是按上述所说明调整后的 π_{ij} 所对应的光滑余因子.

作了上述准备以后，高维样条函数的一些理论就和二元样条函数完全类似了. 高维样条函数的结构特征如下述

定理 29[63] 对于给定的剖分 T，为使 $u = S(x, y, z) \in S_{\mu}^{k}(\mathscr{D}, T)$，必须且只须 $S(x, y, z)$ 在每块内剖面上皆有一光滑余因子存在，并且于每条内棱的关联区域上满足相应的协调条件

(4.98).

这个定理的证明类似于定理 5 的证明,这里不再叙述.

下面给出高维样条函数的表达式. 设 $\mathscr{D}$ 被 T 剖分成 m 个胞腔

$$\mathscr{D}_1, \mathscr{D}_2, \cdots, \mathscr{D}_m.$$

于其中任选一个,比如 $\mathscr{D}_1$ 作为源胞腔. 从源胞腔出发,画一流向图,使流线 C 满足:

1° C 流遍所有胞腔各一次;

2° C 不允许穿过各条棱和网点, 只允许从内剖面的内部穿过;

3° C 穿过每块内剖面的次数不多于 1,即也可能一次也不穿过.

对于给定的流线 C 来说,其所穿过的内剖面称为 C 的本性内剖面,其余内剖面称为 C 的可去内剖面.

设 $\pi_{ij}: l_{ij}(x, y) = 0$ 为 C 的任一块本性内剖面. 我们把从源胞腔出发,沿 C 前进时, 只有越过 π_{ij} 以后才能到达的一切闭胞腔的并集记为 $V(\pi_{ij}^+)$; 把 C 无须越过 π_{ij} 即可到达的各闭胞腔的并集记为 $V(\pi_{ij}^-)$, 并称

$$f_r(\pi_{ij}) = V(\pi_{ij}^+) - V(\pi_{ij}^-) \tag{4.99}$$

为 π_{ij} 的"前方".

对 C 的任一本性内剖面 $\pi_{ij}: l_{ij}(x, y, z) = 0$, 定义其截断多项式为

$$[l_{ij}(x, y, z)]_*^r = \begin{cases} [l_{ij}(x, y, z)]^r, & \text{当 } (x, y, z) \in f_r(\pi_{ij}), \\ 0, & \text{当 } (x, y, z) \in D - f_r(\pi_{ij}). \end{cases} \tag{4.100}$$

由定理 28 和 29 所指出的高维样条函数的延拓性质以及截断多项式的定义(4.100), 仿定理 17 的证明,可得到

定理 30[63] $S_n^k(\mathscr{D}, T)$ 中的任一高维样条函数 $S(x, y, z)$ 均可唯一地表示为

$$S(x, y, z) = p(x, y, z) + \sum_C [l_{ij}(x, y, z)]_+^{k+1} \cdot q_{ij}(x, y, z), \quad (4.101)$$

其中 $p(x, y, z) \in \mathbf{P}_n$ 为 $S(x, y, z)$ 于源胞腔中的表达式，$\sum_C$表示对 $\boldsymbol{C}$ 的一切本性内剖面所求之和，并且当 $\boldsymbol{C}$ 越过 π_{ij} 时恰好是从 $\mathscr{D}_j$ 跨入 $\mathscr{D}_i$，而 $q_{ij}(x, y, z)$ 为 π_{ij}：$l_{ij}(x, y, z) = 0$ 上的光滑余因子.

综合定理 29 和 30 还可得到

定理 31[63] 对于给定的剖分 T 和确定的流线 $\boldsymbol{C}$，函数 $S(x, y, z)$ 是 $S_n^k(\mathscr{D}, T)$ 中的高维样条函数，必须且只须 $S(x, y, z)$ 可以表现为(4.101)式的形式，并且在每条内棱上满足相应的协调条件(4.98)式.

同样，由于有了定理 30 和 31，我们也可以进一步考虑高维样条插值问题. 由于这些结论和推导已经和二元样条插值的有关问题没有什么本质差别了，故此处不拟列出. 读者可以自己列出来.

第五章　多元非线性逼近

本章将介绍多元非线性逼近的一些理论和方法，它们都是比较近代的结果。

§1. 非线性 Чебышев 逼近

设 $\mathfrak{B}$ 是一紧致 Hausdoff 空间. $C(\mathfrak{B})$ 是由 $\mathfrak{B}$ 上连续实或复函数 $f(x)$ 所组成的线性空间，其中范数为：

$$\|f\| = \sup_{x \in \mathfrak{B}} |f(x)|.$$

Meinardus 和 Schwedt[67] 曾经提出下述逼近问题：设 A 是一个参数集合，

$$V = \{u(\alpha, x) = u[\alpha] \mid \alpha \in A\} \subset C(\mathfrak{B}).$$

对预先给定的函数 $f(x) \in C(\mathfrak{B})$ 欲求 $u(\alpha, x) \in V$，使

$$\|u[\alpha] - f\| = \min.$$

亦即使 f 与 V 的距离尽可能地小. 定义最小偏差为

$$\rho_v(f) = \inf_{\alpha \in A} \|u[\alpha] - f\|,$$

并称满足 $\|u^* - f\| = \rho_v(f)$ 的 $u^* = u[\alpha^*] \in V$ 为 f 于 V 中的最佳逼近或最小解.

对给定的函数 $f(x) \in C(\mathfrak{B})$，定义

$$S(\alpha, \beta, x) = \mathrm{Re}\{\overline{(u(\alpha, x) - f(x))} \times (u(\alpha, x) - u(\beta, x))\}. \tag{5.1}$$

关于 $\rho_v(f)$ 的下界有

定理 1　设对于 $\alpha \in A$，存在 $\mathfrak{B}$ 的一个闭子集 $\mathscr{D}$，使得对一切 $\beta \in A$，有

$$\min_{x \in \mathscr{D}} \{S(\alpha, \beta, x)\} \leqslant 0, \tag{5.2}$$

则
$$\rho_v(f) \geqslant \min_{x \in \mathscr{D}} |u(\alpha, x) - f(x)| = \sigma.$$

证明 如果假定 $\rho_v(f) < \sigma$，则存在一个 $\beta \in A$，使
$$\rho_v(f) < \|u[\beta] - f\| < \sigma.$$
特别对于 $x \in \mathscr{D}$ 有
$$|u(\alpha, x) - f(x)| - |u(\beta, x) - f(x)| > 0.$$
于是对于 $x \in \mathscr{D}$，应有
$$\begin{aligned} S(\alpha, \beta; x) &= |u(\alpha, x) - f(x)|^2 \\ &\quad - \mathrm{Re}\,\{\overline{(u(\alpha, x) - f(x))}(u(\beta, x) - f(x))\} \\ &\geqslant |u(\alpha, x) - f(x)|(|u(\alpha, x) - f(x)| \\ &\quad - |u(\beta, x) - f(x)|) > 0, \end{aligned}$$
此与假设矛盾.

注 定理 1 的陈述在下述情况下仍然成立：如果不是在 $\mathfrak{B}$ 上，而是在 $\mathfrak{B}$ 的任一闭子集 $\tilde{\mathfrak{B}}$, $\mathfrak{B} \supset \mathscr{D}$ 上考察逼近问题.

若有 $x_0 \in \mathfrak{B}$，使
$$|g(x_0)| = \|g\|,$$
则称 x_0 为 $g(x) \in C(\mathfrak{B})$ 的极点. 对于固定的 f，以 M_α 表示误差函数 $u(\alpha, x) - f(x)$ 极点的集合. 显然 M_α 是紧致的. 因为人们总是通过 $\|u[\alpha] - f\|$ 来找 $\rho_v(f)$ 的上界，故有下述充分性判别法成立.

定理 2[67] 若对一切 $\beta \in A$ 均有
$$\min_{x \in M_\alpha} \{S(\alpha, \beta; x)\} \leqslant 0, \tag{5.3}$$
则 $u(\alpha, x)$ 为 $f(x)$ 在 V 中的最小解.

根据定理 1 的注，对于 $\mathfrak{B}$ 的子集上的逼近，还有

定理 3[67] 若对一切 $\beta \in A$ 均有
$$\min_{x \in M_\alpha} S(\alpha, \beta; x) \leqslant 0,$$
则 $u(\alpha, x)$ 是在含有 M_α 的任一闭子集 $\tilde{\mathfrak{B}} \subset \mathfrak{B}$ 上，$f(x)$ 在 V 中的最小解

在实值情况下，条件（5.3）表明V中没有这样的函数，其在$u(\alpha, x)-f(x)$的全部极点处，与$u(\alpha, x)-f(x)$本身同号.

在线性情况下，因为有 Колмогоров 定理，表明条件(5.3)对于最小解也是必要的[67].

引理 4[67] 设 $u(\alpha, x)$ 是 $f(x)$ 在 $\mathfrak{B}$ 上取自V的最小解（对于实的情况）. 则存在 $u(\alpha, x)$ 的一个邻域 $U\subset V$，使对一切$u(\beta, x)\in U$ 与一切$x\in M_\beta(u(\beta, x)-f(x)$的极点集)有

$$S(\alpha, \beta; x)\leqslant 0.$$

定理 5[67] 设$u(\alpha, x)$为$f(x)$在$\mathfrak{B}$上以及在极点集 M_α 上取自V的最小解（在实的情况）. 则存在$u[\alpha]$的一邻域$U\subset V$（就$C(\mathfrak{B})$中所定义的范数拓扑而言），使对一切$u(\beta, x)\in U$有，

$$\min_{x\in M_\alpha}\{S(\alpha, \beta; x)\}\leqslant 0.$$

证明 对于 $u(\beta, x)\in V$ 有

$$\|u[\beta]-f\|\geqslant\|u[\alpha]-f\|\geqslant|u(\alpha, x)-f(x)|.$$

因此对于 $x\in M_\beta$，有

$$\begin{aligned}\|u[\beta]-f\|^2=&(u(\alpha, x)-f(x))^2-2(u(\alpha, x)\\&-f(x))(u(\alpha, x)-u(\beta, x))+(u(\alpha, x)\\&-u(\beta, x))^2\geqslant(u(\alpha, x)-f(x))^2,\end{aligned}$$

从而对这种x而言，

$$\begin{aligned}S(\alpha, \beta; x)=&(u(\alpha, x)-f(x))(u(\alpha, x)-u(\beta, x))\\\leqslant&\frac{1}{2}[u(\alpha, x)-u(\beta, x)]^2.\end{aligned}$$

若$\|u[\alpha]-u[\beta]\|$很小，则$|u(\alpha, x)-f(x)|$大于一个固定的正界(对于$\rho_\nu(f)>0$)；所以上述不等式仅当$x\in M_\beta$, $S(\alpha, \beta; x)\leqslant 0$时才成立. 然而，对限制于 M_α 上的逼近问题应用引理 4 即可得到定理 5 的证明. 事实上，若令

$$\widetilde{M}_\beta=\{x\,|\,u(\beta, x)-f(x)|=\sup_{x\in M_\alpha}|u(\beta, x)-f(x)|\},$$

则根据引理 4，对一切 $x\in\widetilde{M}_\beta$ 有 $S(\alpha, \beta; x)\leqslant 0$，又因 $\widetilde{M}_\beta\subset M_\alpha$，

故相应的最小值只能更小一些，从而定理 5 得证。

必须指出，定理 5 是仅就实数情况而言的，对于复数情况，定理 5 是不成立的。下面的例题 2 说明了这点。

例题1 设 $\mathfrak{B}=[-1,1]$，$f(x)=-1$ 并且 V 是函数 $u(\alpha,x)=\alpha^2+2\alpha x$ 当 α 取遍一切实数时的集合。由于 $u(0,x)-f(x)=1$ 的极点集合是整个区间 $\mathfrak{B}$，且对于 $\alpha=0$，不论 β 是如何的实数，均有

$$S(0,\beta;x)_{x=0}=(u(0,x)-f(x))(u(0,x)-u(\beta,x))_{x=0}$$
$$=-\beta^2\leqslant 0.$$

于是根据定理 2 即知最小解为

$$u(0,x)=0.$$

例2 同上例一样，取 $\mathfrak{B}=[-1,1]$，$f(x)=-1$，$V=\{u(\alpha,x)=\alpha^2+2\alpha x\,|\,\alpha$ 取遍复数$\}$。这时最小解还是 $u(0,x)=0$。事实上，对于 $\mathrm{Re}\,\beta>0$ 在点 $x=1$，对于 $\mathrm{Re}\,\beta<0$ 在点 $x=-1$，有

$$|u(\beta,x)-f(x)|^2=1+|\beta|^4$$
$$+4(1+|\beta|^2)x\mathrm{Re}\beta+4|\beta|^2+2\mathrm{Re}\beta^2>1.$$

然而，条件(5.3)已不再是局部满足了，因为对于 $\beta=\mathrm{i}t$（$t\neq 0$ 为实数）的情况，有

$$S(0,\mathrm{i}t;x)=\mathrm{Re}\{-(\mathrm{i}t)^2-2\mathrm{i}tx\}=t^2>0.$$

例3 设 $\mathfrak{B}=[-1,1]$，$f(x)=1$，并设 $V=\{\alpha^2+\alpha x\,|\,\alpha$ 取遍一切实数$\}$。对于参数 $\alpha=-1,0,1$ 得到最小解，对于 $\alpha=1$，极点集由 $x=-1$ 与 $x=1$ 组成。$u(1,x)=1+x$ 也是 $f(x)$ 在这点集上的一个最小解，所以由定理 5 必有 $u(1,x)$ 的一个邻域，使(5.3)式成立。事实上，由于

$$S(1,\beta;x)=x(1+x-\beta^2-\beta x)$$
$$=\begin{cases}\beta(\beta-1)\leqslant 0,\ x=-1,\ 0\leqslant\beta\leqslant 1,\\ 2-\beta^2-\beta\leqslant 0,\ x=1,\ \beta\geqslant 1,\end{cases}$$

当 $0<\beta<\infty$ 时有

$$\min_{x\in M_{\alpha=1}} S(1, \beta; x) \leqslant 0.$$

然而这时(5.3)式却不完全正确. 对于 $\alpha=-1$, 和 $\alpha=0$ 时的最小解,也有相应的事实.

定理 6[67] 设 $f(x)\in C(\mathfrak{B})$ 是给定的, M_α 是 $u(\alpha, x)-f(x)$ 的极点集. 假若有 $\beta\in A$, 使

$$\min_{x\in M_\alpha} S(\alpha, \beta; x) > 0.$$

又设对每个 $t\in[0, 1]$, 存在 $\alpha(t)\in A$ 和定义在 $\widetilde{M}_\alpha\times[0, 1]$ 上的一个实值连续函数 $g(x, t)$, 其中 $\widetilde{M}_\alpha$ 是 M_α 的一邻域,使得

1° 对一切 $x\in M_\alpha$, $g(x, 0)>0$; (5.4)

2° 当 $t\to 0$, $x\in\widetilde{M}_\alpha$ 时,

$$\begin{aligned}|[1-t\cdot g(x, t)]u(\alpha, x)+t\cdot g(x, t)u(\beta, x)\\ -u(\alpha(t), x)|=o(t)\end{aligned} \tag{5.5}$$

3° 当 $t\to 0$ 时,

$$\|u[\alpha]-u[\alpha(t)]\|=o(1). \tag{5.6}$$

则 $u(\alpha, x)$ 不是最小解,且能够得到改进.

证明 由(5.5)可知,对于 $x\in\widetilde{M}_\alpha$, $0\leqslant t\leqslant 1$, 有

$$\begin{aligned}u(\alpha, x)-u(\alpha(t), x)\\ &=t\cdot g(x, t)[u(\alpha, x)-u(\beta, x)]+t\cdot h(x, t)\\ &=t\cdot\varphi(x, t),\end{aligned}$$

其中 $h(x, t)$ 对一切 $t\in[0, 1]$ 关于 $x\in\widetilde{M}_\alpha$ 连续,且当 $t\to 0$, $x\in\widetilde{M}_\alpha$ 时有 $h(x, t)=o(1)$. 因而有

$$S(\alpha, \alpha(t); x)=t\cdot\psi(x, t),$$

其中

$$\begin{aligned}\psi(x, t)=g(x, t)\cdot S(\alpha, \beta; x)\\ +\mathrm{Re}\,\{\overline{[u(\alpha, x)-f(x)]\cdot h(x, t)}\}.\end{aligned}$$

按(5.4),有 $\delta>0$ 存在,使得当 $x\in M_\alpha$, $0\leqslant t\leqslant\delta$ 时, $\psi(x, t)>0$. $\psi(x, t)$ 关于 x 连续,又 M_α 是闭的(从而是紧致的). 因而存在邻域 $\hat{M}_\alpha$: $M_\alpha\subset\hat{M}_\alpha\subset\widetilde{M}_\alpha$, 使得对于 $x\in\hat{M}_\alpha$, $0\leqslant t\leqslant\delta$, 有 $\psi(x, t)\geqslant x>0$. 假定对于 $x\in\hat{M}_\alpha$, $0\leqslant t\leqslant\delta$, 有 $|\varphi(x, t)|\leqslant\lambda$.

令 $\delta_1 = \min(\delta, x/\lambda^2)$，则当 $0\widetilde{M} \leqslant t \leqslant \delta_1$，$x \in _\alpha$ 时，有

$$
\begin{aligned}
|u(\alpha(t), x) - f(x)|^2 &= |u(\alpha, x) - f(x)|^2 \\
&\quad - 2S(\alpha, \alpha(t); x) + |u(\alpha, x) - u(\alpha(t), x)|^2 \\
&\leqslant \|u[\alpha] - f\|^2 - 2t \cdot \psi(x, t) + t^2|\varphi(x, t)|^2 \\
&\leqslant \|u[\alpha] - f\|^2 - 2t \cdot x + t \cdot \frac{x}{\lambda^2} \cdot \lambda^2 \\
&= \|u[\alpha] - f\|^2 - t \cdot x.
\end{aligned}
$$

于紧致集 $\mathfrak{B} - \hat{M}_\alpha$ 有

$$
\|u[\alpha] - f\| - \min_{x \in \mathfrak{B} - \hat{M}_\alpha} |u(\alpha, x) - f(x)| = \mu > 0.
$$

由(5.6)，存在 $\delta_2 > 0$，使当 $0 \leqslant t \leqslant \delta_2$，有

$$
\|u[\alpha] - u[\alpha(t)]\| < \mu/2.
$$

因而当 $x \in \mathfrak{B} - \widetilde{M}_\alpha$，$0 \leqslant t \leqslant \delta_2$ 时，

$$
\begin{aligned}
|u(\alpha(t), x) - f(x)| &\leqslant \max_{x \in \mathfrak{B} - \hat{M}_\alpha} |u(\alpha, x) - f(x)| \\
&\quad + \|u[\alpha] - u[\alpha(t)]\| \leqslant \|u[\alpha] - f\| - \mu/2.
\end{aligned}
$$

取 $\tau = \min(\delta_1, \delta_2)$，则

$$
\|u[\alpha(\tau)] - f\| < \|u[\alpha] - f\|.
$$

定理 6 证毕.

定义 如果对每一参数偶 $\alpha, \beta \in A$ 以及任一 $t \in [0, 1]$，均存在 $\alpha(t) \in A$ 和一个在 $\mathfrak{B} \times [0, 1]$ 上连续的实值函数 $g(x, t)$，使得

(i) 当 $x \in \mathfrak{B}$ 时，$g(x, 0) > 0$；

(ii) 当 $t \to 0$ 时，

$$
\|(1 - t \cdot g)u[\alpha] + t \cdot g \cdot u[\beta] - u[\alpha(t)]\| = o(t). \qquad (5.7)
$$

则称 $C(\mathfrak{B})$ 中函数 $u(\alpha, x)$ 的集合 V 是"渐凸的".

对于渐凸系 V 来说，定理 6 的条件 1°，2° 和 3° 满足．从而得到下述最小解的判别法，它是著名 Колмогоров 判别准则的模拟，其充分性已经在定理 2 中提及.

定理 7[67] 设 V 是渐凸函数系．若对一切 $\beta \in A$，有

$$\min_{x \in M_\alpha} S(\alpha, \beta; x) \leqslant 0,$$

则 $u(\alpha, x)$ 恰好是 $f(x)$ 取自 V 中的最小解.

设 $h(x)$ 与 $g(x)$ 是 $C(\mathfrak{B})$ 中的两个函数，并且当 $x \in \mathfrak{B}$ 时，$h(x) \neq 0$. 又设 $V = \{u(\alpha, x)\}$ 是渐凸的，则函数

$$h(x)u(\alpha, x) + g(x)$$

的集合也是渐凸的. 这说明渐凸系是一种范围很广的系统. 而且上述判别法对于带权函数的逼近问题也是适用的.

作为渐凸函数族的一个特例，我们考虑有理函数

$$u(\alpha, x) = \frac{L_1(\alpha, x)}{L_2(\alpha, x)},$$

A 是一个实向量空间的某凸子集，L_1 与 L_2 是 α 的线性泛函，其对于 $x \in \mathfrak{B}$ 是实值连续的，且设

$$L_2(\alpha, x) > 0, \ \alpha \in A, \ x \in \mathfrak{B}.$$

又令 $\alpha(t) = (1-t)\alpha + t\beta$，则

$$u(\alpha(t); x) = \frac{(1-t)L_1(\alpha, x) + tL_1(\beta, x)}{(1-t)L_2(\alpha, x) + tL_2(\beta, x)},$$

并且分母对于 $0 \leqslant t \leqslant 1$ 是正的，因而 $u(\alpha(t), x) \in V$，当

$$g(x, t) = \frac{L_2(\beta, x)}{(1-t)L_2(\alpha, x) + tL_2(\beta, x)}$$

时，有

$$u(\alpha(t), x) = (1 - t\cdot g(x, t))u(\alpha, x) + t\cdot g(x, t)u(\beta, x) \tag{5.8}$$

因而(5.7)式中的 o 项没有了.

此处渐凸性化成了恰当的凸性一事，对于最小解的结构是有意义的. 我们知道在线性逼近中，最小解构成一个凸集. 如果把这种凸性理解为对参数而言的，则上述性质也可能转移过来.

定理 8[67] 在适当条件下，令

$$u(\alpha, x) = \frac{L_1(\alpha, x)}{L_2(\alpha, x)}, u(\beta, x) = \frac{L_1(\beta, x)}{L_2(\beta, x)}$$

是 $f(x)$ 在 V 中的两个最小解，则对于

$$\alpha(t)=(1-t)\alpha+t\beta(0\leqslant t\leqslant 1),$$

$u(\alpha(t),x)$为最小解。

证明 由(5.8)并考虑到 $0\leqslant t\cdot g(x,t)\leqslant 1$，有

$$\begin{aligned}&|u(\alpha(t),x)-f(x)|\\&\quad\leqslant(1-t\cdot g(x,t))|u(\alpha,x)-f(x)|+t\\&\qquad\cdot g(x,t)|u(\beta,x)-f(x)|.\end{aligned}$$

从而

$$\|u[\alpha(t)]-f\|\leqslant\rho_v(f).$$

定理 8 得证。

下面设 A 是线性赋范空间 $\mathfrak{F}$ 的一个开子集，用 $|\cdot|$ 表示 $\mathfrak{F}$ 中的范数。又设 $u(\alpha,x)$ 对于 $\alpha\in A$, $x\in\mathfrak{B}$ 有关于 α 的 Fréchet 导数。这导数对固定的 $x\in\mathfrak{B}$, $\alpha\in A$ 是关于 $\delta\in\mathfrak{F}$ 的一个线性泛函数。并且

$$u(\alpha+\delta,x)-u(\alpha,x)=H(\alpha,x;\delta)+r(\alpha,x;\delta),$$

其中 $H(\alpha,x;\delta)$ 是 x 的连续函数，当 $|\delta|\to 0$ 时，有

$$|r(\alpha,x;\delta)|=o(|\delta|).$$

定理 9[67] 设 $u(\alpha,x)$ 是 $f(x)$ 在 V 中的最小解，M_α 是 $u(\alpha,x)-f(x)$ 的极点集，则对一切的 $\delta\in\mathfrak{F}$，均有

$$\min_{x\in M_\alpha}\operatorname{Re}\overline{(u(\alpha,x)-f(x))}H(\alpha,x;\delta)\leqslant 0.$$

证明 假设有 $\delta\in\mathfrak{F}$ 存在，使

$$\min_{x\in M_\alpha}\operatorname{Re}\overline{(u(\alpha,x)-f(x))}H(\alpha,x;\delta)>0. \tag{5.9}$$

对于充分小的 $t>0$, $\alpha(t)=\alpha-t\delta\in A$，且当 $t\to 0$ 时，

$$u(\alpha,x)-u(\alpha-t\delta,x)=tH(\alpha,x;\delta)+o(t).$$

从而

$$\begin{aligned}S(\alpha,\alpha(t);x)=t\operatorname{Re}&\overline{(u(\alpha,x)-f(x))}H(\alpha,x;\delta)\\&+o(t)=t\phi(x,t),\end{aligned}$$

其中按(5.9)式，对于 $x\in M_\alpha$ 和 $0\leqslant t\leqslant\varepsilon$（$\varepsilon$ 为适当正数），有

$$\phi(x, t) > 0.$$

其次又有

$$\|u[\alpha] - u[\alpha(t)]\| = O(t), \ (t \to 0).$$

由上面两个关系,与定理 6 的证明完全类似地,可作出一个 τ, 使得

$$\|u[\alpha + \tau\delta] - f\| < \|u[\alpha] - f\|,$$

此与 $u[\alpha]$ 的最佳性相矛盾,定理得证.

下面转而讨论唯一性问题,为使讨论得以进行,需要把问题特殊化. 下面设 A 是实的或复的 n 维欧氏空间 R^n 的一个开子集; 参数 $\alpha = (\alpha_1, \alpha_2, \cdots, \alpha_n)$. 函数 $u(\alpha, x)$ 对于 α_i 连续可微,且

$$\frac{\partial u(\alpha, x)}{\partial \alpha_i}, \ i = 1, 2, \cdots, n \tag{5.10}$$

是 x 的连续函数,于是 $H(\alpha, x; \delta)$ 可表为

$$H(\alpha, x; \delta) = (\delta, \nabla u(\alpha, x))$$

$$= \sum_{i=1}^{n} \delta_i \frac{\partial}{\partial \alpha_i} u(\alpha, x),$$

其中梯度 ∇u 总是理解为对 α 而言的. 前面所提到的关于 $H(\alpha, x; \delta)$ 的一切假设均要求满足. 以 $W(\alpha)$ 表示由偏导数 (5.10) 形成的一切线性组合 $(\delta, \nabla u(\alpha, x))$ 所构成的线性空间. 设 $d(\alpha)$ 是这个切流形的维数,它依赖于 $\alpha \in A$. 显然 $d(\alpha) \leqslant n$.

定义 界定函数族 V 满足局部 Haar 条件,如果对每个 $\alpha \in A$, 线性空间 $W(\alpha)$ 均满足古典的 Haar 条件. 即 $W(\alpha)$ 中每个不恒为零的函数, 于 $\mathfrak{B}$ 中至多有 $d(\alpha) - 1$ 个零点.

为避免一些非实质性的细节, 往下还假定 $\mathfrak{B}$ 中至少含有 $n + 1$ 个点.

定理 10[67] 设 V 满足局部 Haar 条件. $u(\alpha, x)$ 是 $f(x)$ 在 V 中的最小解. 则 $u(\alpha, x) - f(x)$的极点集 M_α 至少由 $d(\alpha) + 1$ 个点组成.

证明 假设 M_α 仅由 r 个点 $x_1, x_2, \cdots, x_r$ 组成,且$r \leqslant d(\alpha)$. 今于 $\mathfrak{B}$ 中补充 $d(\alpha) - r$ 个点, 这样便得 $x_1, x_2, \cdots, x_{d(\alpha)}$. 由于

$W(\alpha)$ 满足 Haar 条件,因而线性方程组

$$(\delta, \nabla u(\alpha, x_k)) = \sum_{i=1}^{n} \delta_i \frac{\partial}{\partial \alpha_i} u(\alpha, x_k)$$

$$= u(\alpha, x_k) - f(x_k),$$

$$k = 1, 2, \cdots, d(\alpha).$$

的系数矩阵的秩数为 $d(\alpha)$. 因而有 $\delta \in \mathrm{R}^n$, 使得对于 $x \in M_\alpha$,

$$\overline{(u(\alpha, x) - f(x))}(\delta, \nabla u(\alpha, x)) = \|u[\alpha] - f\|^2,$$

并且因为 $\mathfrak{B}$ 中至少有 $n + 1 \geqslant d(\alpha) + 1$ 个点, $\|u[\alpha] - f\| > 0$. 按定理 9, $u(\alpha, x)$ 就不可能是最小解了.

定理 11[67] 设 V 是满足局部 Haar 条件的渐凸系, 差 $u(\alpha, x) - u(\beta, x)$ 对每一 $\beta \in A$ 至多有 $d(\alpha)$ 个零点或者恒等于 0. 则对每一 $f(x) \in \mathrm{C}(\mathfrak{B})$, 于 V 中至多有一个最小解.

证明 可以假定 $\rho_v(f) > 0$. 设 $u(\alpha, x)$ 与 $u(\beta, x)$ 是两个最小解. 不失一般性,可设 $d(\alpha) \leqslant d(\beta)$. 在 M_α 上有

$$|u(\alpha, x) - f(x)| \geqslant |u(\beta, x) - f(x)|.$$

因而对于 $x \in M_\alpha$,

$$S(\alpha, \beta; x) \geqslant \frac{1}{2} |u(\alpha, x) - u(\beta, x)|^2.$$

按定理 7, 关系式

$$|u(\alpha, x) - u(\beta, x)| > 0, \quad x \in M_\alpha$$

不可能成立,因为否则将与 $u(\alpha, x)$ 的最佳性相矛盾. 于是 M_α 中有 r 个点 $x_1, x_2, \cdots, x_r$ 满足

$$u(\alpha, x_k) - u(\beta, x_k) = 0, \quad k = 1, 2, \cdots, r.$$

若 $r > d(\alpha)$, 则由假设 $u(\alpha, x)$ 与 $u(\beta, x)$ 在 $\mathfrak{B}$ 上相等, 从而 $r \leqslant d(\alpha)$. 由于 $r \leqslant d(\beta)$ 也成立,如同定理 10 的证明一样,按局部 Haar 条件,有一个 $\delta \in \mathrm{R}^n$, 使

$$-(\delta, \nabla u(\beta, x_k)) = u(\alpha, x_k) - f(x_k), \quad k = 1, 2, \cdots, r.$$

因而对于 $t > 0$, 有

$$u(\beta, x_k) - u(\beta + t\delta, x_k) = -t(\delta, \nabla u(\beta, x_k)) + o(t)$$

$$= t(u(\alpha, x_k) - f(x_k)) + o(t) \quad (t \to 0),$$

$$S(\alpha, \beta + t\delta; x_k) = t\|u[\alpha] - f\|^2 + o(t) \quad (t \to 0),$$
$$k = 1, 2, \cdots, r.$$

上式对于充分小的 t_0，当 $0 < t \leqslant t_0$ 时还是正的. 根据连续性，又有点 $x_1, x_2, \cdots, x_r$ 的一邻域 $\mathscr{D}$，使

$$S(\alpha, \beta + t\delta; x) > 0, \ 0 < t \leqslant t_0, \ x \in \mathscr{D}$$

因为 $M_\alpha - \mathscr{D}$ 是 $\mathfrak{B}$ 的闭子集，所以对于 $x \in M_\alpha - \mathscr{D}$，

$$S(\alpha, \beta; x) \geqslant \frac{1}{2} |u(\alpha, x) - u(\beta, x)|^2 \geqslant 0.$$

又由连续性，有 $t_1 > 0$ 存在，使

$$S(\alpha, \beta + t\delta; x) > 0, \ x \in M_\alpha - \mathscr{D}, \ 0 \leqslant t \leqslant t_1.$$

取 $\tau = \min(t_0, t_1)$，有

$$S(\alpha, \beta + \tau\delta; x) > 0, \ x \in M_\alpha.$$

由定理 7 (Колмогоров 判别法)，这与 $u(\alpha, x)$ 的最佳性相矛盾. 定理证毕.

以上定理表示了 Haar 唯一性定理的一种推广. 因为关于渐凸性与可微性的假设，对于线性情况是显然被满足的. 何况局部 Haar 条件也蕴涵了差 $u(\alpha, x) - u(\beta, x)$ 的零点个数的假设.

在文献[67]中，Meinardus 还应用所述理论，集中研究了一个变元的有关逼近问题. 对一元非线性逼近的计算方法也作了一些探讨.

下面介绍 L. Collatz[68] 的关于多元有理逼近的包装 (inclusion) 定理.

设 $\mathfrak{B}$ 是 n 维欧氏空间 $\mathbf{R}^n$ 中的一个区域，其中点记为

$$x = (x_1, x_2, \cdots, x_n)^T$$

等. W 为定义于 $\mathfrak{B}$ 上的实(或复)值连续函数类，$f(x)$ 是 $\mathfrak{B}$ 上的一个连续函数，$f(x) \bar{\in} W$. 范数定义为

$$\|g\| = \sup_{x \in \mathfrak{B}} |g(x)| \cdot p(x),$$

其中 $p(x)$ 是满足下述关系的于 $\mathfrak{B}$ 上的连续函数：

$$0 < p_0 \leqslant p(x) < p_1, \ x \in \mathfrak{B},$$

而 p_0, p_1 是两个给定的正数. 在许多场合下，常取 $p(x) \equiv 1$.

设

$$\rho_0 = \inf_{w \in W} \|w - f\|.$$

若有一函数 $\phi(x) \in W$，使得

$$\|\phi(x) - f(x)\| = \rho_0,$$

则称 $\phi(x)$ 为最小解.

定理 12[68] 设 w_0 是 W 中的一个给定函数，$\varepsilon = w_0 - f$. 设 M 是 $\mathfrak{B}$ 中满足下述性质的一固定子集:

1° $|\varepsilon(x)| > 0$，当 $x \in M$.

2° 不存在 $q(x) \in W$，使

$$\text{Re}\,[\bar{\varepsilon}(w_0 - q)] > 0, \text{ 当 } x \in M.$$

则

$$\inf_{x \in M} p \cdot |\varepsilon| \leqslant \rho_0 \leqslant \|\varepsilon\|. \tag{5.11}$$

证明 设 $\sigma = \inf\limits_{x \in M} p \cdot |\varepsilon|$. 则为证定理，只需证明 $\sigma \leqslant \rho_0$.

若 $\sigma > \rho_0$. 则存在一数 τ，$\rho_0 < \tau < \sigma$，和 $w \in W$，使

$$\|w - f\| \leqslant \tau,$$

并且在 M 中有

$$p|\varepsilon| \geqslant \sigma > \tau \geqslant p|w - f|.$$

从而

$$|\varepsilon(x)| - |w(x) - f(x)| > 0, \text{ 当 } x \in M.$$

由于 $w_0 - w = w_0 - f - (w - f) = \varepsilon - (w - f)$，所以

$$\begin{aligned} \text{Re}[\bar{\varepsilon}(w_0 - w)] &= \text{Re}[|\varepsilon|^2 - \bar{\varepsilon}(w - f)] \\ &\geqslant |\varepsilon|^2 - |\varepsilon||w - f| = |\varepsilon| \cdot (|\varepsilon| - |w - f|) \\ &> 0, \text{ 当 } x \in M. \end{aligned}$$

这与条件 2° 矛盾. 从而定理得证.

定理 12 称为包装定理. 它实际上给出了最小偏差的下界和上界估计.

下面仅限于实数情形来讨论. 引进“假设 H”: 存在 $\mathfrak{B}$ 中的两个固定点集 M_1 和 M_2，使得不存在函数偶 w_1，$w_2 \in W$，同时满足

$$w_1 - w_2 > 0, \text{ 于 } M_1 \text{ 中};$$
$$w_1 - w_2 < 0, \text{ 于 } M_2 \text{ 中}.$$

一个点集 $M = M_1 \cup M_2$，当其满足假设H时，则称其为H集合。

定理 13[68] 设 w_0 是 W 中的一固定函数，$\varepsilon = w_0 - f$，且假设H成立。若

$$\varepsilon > 0, \text{ 于 } M_1;\ \varepsilon < 0 \text{ 于 } M_2$$

（或 $\varepsilon > 0$，于 M_2；$\varepsilon < 0$，于 M_1），则下述包装成立：

$$m = \inf_M p|\varepsilon| \leqslant \rho_0 \leqslant \|\varepsilon\|, \tag{5.12}$$

此处 $M = M_1 \cup M_2$.

事实上，只需在H中将 w_1 取为 w_0，并用 q 代替 w_2，则 W 中不存在函数 q，使

$$\varepsilon(w_0 - q) > 0, \text{ 于 } M \text{ 中}.$$

从而定理 12 中的条件 2° 满足。于是由(5.11)式即知 (5.12) 式成立。

在文献[68]中，L. Collatz 还利用上述包装定理讨论了特定形式有理逼近的一些问题。

D. J. Newman 和 H. S. Shapiro[69] 讨论了一类广义有理分式逼近问题。

设 $\mathfrak{B}$ 是一个紧致 Hausdorff 空间，$C(\mathfrak{B})$ 是 $\mathfrak{B}$ 上实值连续函数作成的线性赋范空间，范数为 Чебышев 意义的范数。设 X，Y 是 $C(\mathfrak{B})$ 中维数分别为 m，n 的两个线性子空间，它们的基底分别为 $x_1(t), \cdots, x_m(t)$；$y_1(t), \cdots, y_n(t)$. 文献[69]中考虑有理分式

$$\frac{x(t)}{y(t)} = \left(\sum_{i=1}^{m} a_i x_i(t)\right) \Big/ \left(\sum_{j=1}^{n} b_j y_j(t)\right), \tag{5.13}$$

其中 a_i，b_j 是实参数。 如果 $y(t) \neq 0$，则说由(5.13)定义了一个严格有理函数。对于任意 $f(t) \in C(\mathfrak{B})$，记

$$e(f) = \{t \mid f(t) \neq 0\}.$$

今假定有理分式(5.13)满足条件

1° $e(y)$ 于 $\mathfrak{B}$ 中稠密;

$$(5.14)$$

2° $f(t)=\dfrac{x(t)}{y(t)}$ 在 $e(y)$ 上一致连续.

满足上述条件的 $f(t)$ 称为在广泛意义下的有理分式函数. $f(t)$ 在这种情况下能够唯一地扩张成整个 $\mathfrak{B}$ 上的一个连续函数. 如果 (5.14) 的 1° 成立,且

$$f(t)=x(t)/y(t) \text{ 在 } e(y) \text{ 上有界}, \tag{5.15}$$

则称 $f(t)$ 为在弱意义下的有理分式函数. 下面把严格,广泛和弱意义下的有理分式函数类分别记成 R_s, R_w 和 R_l. 显然有

$$R_s \subset R_w \subset R_l. \tag{5.16}$$

例 设 $\mathfrak{B}$ 是圆盘 $t_1^2+t_2^2 \leqslant 1$, X 和 Y 分别表示两个变元 t_1, t_2的三次和二次多项式. 此时 R_s, R_w 和 R_l 是彼此互异的. 事实上, $f_1(t)=t_1^3/(1-t_2^2)$ 于 $\mathfrak{B}_0$ ($\mathfrak{B}$中去掉点 $(0,-1)$, $(0,1)$ 而得)是一致连续的,但它不能表示为具有非零分母的有理式, 并且 $f_2(t)=t_1^2/(1-t_2^2)$ 于 $\mathfrak{B}_0$ 中有界, 但不一致连续. 另一个函数是

$$f_3(t)=t_1^2/(t_1^2+t_2^2).$$

定理 14[69] 假定由 $y\in Y$, $y\not\equiv 0$ 可推出 $e(y)$ 于 $\mathfrak{B}$ 中稠密. 则 R_w 是 $C(\mathfrak{B})$ 的一个闭子集.

证明 设 $\{f_i\}$, $f_i\in R_w$ 是一个一致收敛序列, $\lim\limits_{i\to\infty} f_i=f$. 且设

$$f_i=\frac{x^i(t)}{y^i(t)},$$

$$x^i(t)=\sum_{j=1}^{m} a_{ij}x_j(t),\quad y^i(t)=\sum_{k=1}^{n} b_{ik}\cdot y_k(t).$$

可以标准化 x^i, y^i 为满足

$$\sum_{j=1}^{m}|a_{ij}|+\sum_{k=1}^{n}|b_{jk}|=1. \tag{5.17}$$

于是可以选出一个正整数的无穷序列 I, 使得

$$A_j = \lim_{i \in I} a_{ij}, \quad B_k = \lim_{i \in I} b_{ik}.$$

于是由(5.17)式可知

$$\sum_{j=1}^{m} |A_j| + \sum_{k=1}^{n} |B_k| = 1.$$

为记号单一起见，我们不妨假定 f_i，$i \in I$ 已经被重新排成 f_1，f_2，$\cdots$并且已把 $i \in I$ 的那些 f_i 删去了．记

$$x(t) = \sum_{j=1}^{m} A_j x_j(t), \quad y(t) = \sum_{k=1}^{n} B_k y_k(t),$$

则按 $C(\mathfrak{B})$ 的范数中的意义，有

$$x^i(t) \to x(t), \ y^i(t) \to y(t). \tag{5.18}$$

现可断言 $B_k(k=1, 2, \cdots, n)$ 不全为 0．事实上，若B_k全部为 0，则必有

$$\sum_{j=1}^{m} |A_j| = 1. \tag{5.19}$$

现在 $f_i(t)$ 有界，比方说 $|f_i(t)| \leqslant M$，因而

$$|x^i(t)| \leqslant M |y^i(t)| \tag{5.20}$$

如果所有 $B_k = 0$，则由(5.18)，推出 $y^i(t) \to 0$． 因而按(5.20)，$x^i(t) \to 0$．是故

$$x(t) \equiv 0.$$

这与(5.19)式相矛盾．

因为 $y(t) \not\equiv 0$，由假定 $e(y)$于 $\mathfrak{B}$ 中稠密．对于 $t \in \mathfrak{F}$，我们有 $f_i(t) \to x(t)/y(t)$，又因 $f_i \to f$，从而

$$f(t) = \frac{x(t)}{y(t)}, \ t \in \mathfrak{F}. \tag{5.21}$$

由于 $f(t)$ 于 $\mathfrak{B}$ 上连续且它在一稠密集上已由(5.21)所给出，因而 f 是一个在广泛意义下的有理函数．定理证毕．

推论 15[69] 设 $\mathfrak{B}$ 是 k 维欧氏空间中一有界开集的闭包，x 和 y 分别表示次数为 p 和 q 的 k 元多项式，则类 R_w 是闭的，其实在此情况下，如果 $y \not\equiv 0$，$\{t \mid y(t) = 0\}$的 Lebesgue 测度为 0，因而

$e(y)$ 在 $\mathfrak{B}$ 中稠密.

现在考虑这样一个问题：对于给定的 $g(t)\in C(\mathfrak{B})$，是否存在 $f^*\in R_w$，使得

$$\|g-f^*\|=\rho(g)=\inf_{f\in R_w}\|g-f\|?$$

一般地说，由于 R_w 甚至还不是局部紧致的，所以可以想到 f^* 的存在性，只能对于某些特殊情况才会成立. 这可从下述反例中看出来.

定理 16[69] 设 $\mathfrak{B}=\{(t_1,t_2)\,|\,t_1^2+t_2^2\leqslant 1\}$，$x$ 和 y 是关于 t_1, t_2 的二次多项式（相当 $m=n=6$）. 则有一函数 $g\in C(\mathfrak{B})$，它在 R_w 中没有最佳逼近（f^*）存在.

为证明定理 16，先引进两条引理：

引理 17[69] 若 $f\in R_w$，x 和 y 如定理 16 所要求的那样，则 f 可写成

$$f(t)=\frac{x(t_1,t_2)}{y(t_1,t_2)},$$

此处 $y(t_1,t_2)>0$，当 $t_1^2+t_2^2<1$.

这是代数学中下述命题的推论. 该命题是：两个次数不超过 2 的二元互质多项式的商，不能在分母某零点的一邻域中一致连续. 事实上，若 x 和 y 是所说的多项式，且假定

$$y(\tau_0)=0(\tau=(t_1,t_2),\ \tau_0=(t_1^0,t_2^0))$$

而 $x(\tau)/y(\tau)$ 于 τ_0 的一邻域中一致连续，则 τ_0 是 $y(\tau)$ 的一个孤立零点，因为否则 $y(\tau)$ 在某一过 τ_0 的曲线上为 0. 根据 $x(\tau)/y(\tau)$ 的有限性，$x(\tau)$ 也在该曲线上为 0. 这样一来，$x(\tau)$ 和 $y(\tau)$ 有无穷多个公共零点，于是由 Bezout 定理，$x(\tau)$ 与 $y(\tau)$ 应有公因子，这与 $x(\tau)$, $y(\tau)$ 的互质性相矛盾，所以 τ_0 是 $y(\tau)$ 的一个孤立零点. 不失一般性，可取 $\tau_0=(0,0)$，$y(\tau)=t_1^2+t_2^2$. 因为当 $(t_1,t_2)\to(0,0)$ 时，$x(\tau)$ 以 $t_1^2+t_2^2$ 同样的速度趋于 0，从而 $x(\tau)=bt_1^2+ct_2^2+dt_1t_2(b,c,d$ 为常数). 但当 τ 沿直线 $t_2=\lambda t_1$ 趋于 τ_0 时，总有 $x(\tau)/y(\tau)=(b+c\lambda^2+d\lambda)/(1+\lambda^2)$. 这说明在原点 $(0,0)$ 处 $x(\tau)/y(\tau)$ 有彼此不同的方向极限.

引理 18[69]　于 $t_1^2+t_2^2<1/2$ 中存在两个有限点集 P 和 N，使得对于任何 $f(\tau)\in R_w$ 来说下述关系式不全成立：

$$\begin{aligned} &f(\tau)\geqslant g(\tau),\ \tau\in P,\\ &f(\tau)\leqslant g(\tau),\ \tau\in N, \end{aligned} \tag{5.22}$$

其中 $g(\tau)=t_1^2/(1-t_2^2)$.

事实上，关于 t_1, t_2 的四次多项式，如果它在一条直线的五个点上交错变号，则必然在这条直线上恒为 0（见文献[52]）. 现于 $t_1^2+t_2^2<1/2$ 中的五条直线上分别取五个这样的点（可以取 25 个点，也可有更经济的取法），把其中的非负，非正点集分别记为 P,N，它们即满足引理的要求. 由引理 17，若 $f\in R_w$，则 $f(x)=x(\tau)/y(\tau)$，其中 $y(\tau)>0$，当 $t_1^2+t_2^2<1$ 时.

$$(1-t_2^2)x(\tau)-t_1^2y(\tau)\geqslant 0,\ 当\ \tau\in P,$$
$$(1-t_2^2)x(\tau)-t_1^2y(\tau)\leqslant 0,\ 当\ \tau\in N.$$

这样一来，一个四次多项式居然在五条直线上全为 0，因而恒为 0. 即

$$f(\tau)=g(\tau).$$

这与 $g(\tau)\bar{\in} R_w$ 的事实相矛盾.

定理 16 的证明　设 P 和 N 如引理 18 中所指出者. 又设 $h(\tau)\in C(\mathfrak{B})$, $|h(\tau)|\leqslant 1$, $h(\tau)=1(\tau\in P)$, $h(\tau)=-1(\tau\in N)$, $h(\tau)=0$（当 $t_1^2+t_2^2\geqslant 1/2$）. 再设 $k(\tau)\in C(\mathfrak{B})$, $0\leqslant k(\tau)\leqslant 1$, $k(\tau)=1$.（当 $\tau\in\mathfrak{B}-Q$，其中 Q 是以 $(0,-1)$,$(0,1)$ 为心，以 1/4 为半径的开圆盘域的并集），且 $k(0,-1)=k(0,1)=0$.

设 $g(\tau)$ 如引理 18 所述，定义

$$F(\tau)=[h(\tau)+g(\tau)]k(\tau).$$

则 $F(\tau)\in C(\mathfrak{B})$. 如果能够证明下列事实，则定理 16 的证明就完成了：

$$\rho(F)\leqslant 1, \tag{5.23}$$

$$\|F-f\|>1,\ 对于\ f\in R_w \tag{5.24}$$

为证(5.23)式，记 $g_\varepsilon(\tau)=t_1^2/(1-t_2^2+\varepsilon)\in R_w$，我们有

$$\lim_{\varepsilon\to 0}\|F-g_\varepsilon\|=1.$$

事实上，有

(i) 对于 $t_1^2+t_2^2\leqslant 1/2$，当 $\varepsilon\to 0$ 时一致地有

$$F(\tau)-g_\varepsilon(\tau)=h(\tau)+g(\tau)-g_\varepsilon(\tau)\to h(\tau);$$

(ii) 对于 $t_1^2+t_2^2>\dfrac{1}{2}$，$(t_1,t_2)\bar{\in} Q$，一致地有

$$F(\tau)-g_\varepsilon(\tau)=g(\tau)-g_\varepsilon(\tau)\to 0;$$

(iii) 对于 $\tau\in Q$，$F(\tau)-g_\varepsilon(\tau)=g(\tau)k(\tau)-g_\varepsilon(\tau)$，且 $0\leqslant g_\varepsilon(\tau)\leqslant g(\tau)\leqslant 1$，于是

$$|F(\tau)-g_\varepsilon(\tau)|\leqslant 1,\ \text{当}\ \tau\in Q.$$

综合之，即得(5.23)式.

下面用反证法证明 (5.24) 式，假定存在某 $f\in R_w$，使 $\|F-f\|\leqslant 1$，则必有

$$\begin{cases}1+g(\tau)-f(\tau)\leqslant 1, & \tau\in P,\\ -1+g(\tau)-f(\tau)\geqslant -1, & \tau\in Q.\end{cases}$$

这同引理 18 相矛盾，从而定理得证.

注 显然，若取 $h(\tau),k(\tau)\in C^\infty$，且 $k(\tau)$ 以 $(0,-1)$ 和 $(0,1)$ 为无穷阶零点，则能构造一个 $F(\tau)\in C^\infty$，其在 R_w 中无最佳逼近存在.

定理 19[69] 假定由 $y\in Y$，$y\neq 0$ 即可推知 $e(y)$ 于 $\mathfrak{B}$ 中稠密，则对于任意给定的 $g(\tau)\in C(\mathfrak{B})$，有 $f(\tau)\in R_j$，$f(\tau)=x(\tau)/y(\tau)$，使得

$$|g(t)-f(t)|\leqslant\rho(g),\ \text{当}\ t\in e(y).$$

证明 设 $f_i\in R_w$，$\|g-f_i\|\to\rho(g)$. 则 $\|f_i\|\leqslant M$. 于是同定理 14 的证明过程类似，有 $\{f_i\}$ 的子序列(不妨记为它自己)，使

$$A_j=\lim_i a_{ij},\quad B_k=\lim_i b_{ik}.$$

记

$$x(t)=\sum_{j=1}^m A_jx_j(t),\quad y(t)=\sum_{k=1}^n B_ky_k(t),$$

同样可证明 B_k 不能全为 0，因为否则，将可由 $\|f_i\|$ 的有界性推出

矛盾来，记 $f(t)=x(t)/y(t)$，我们有

$$|f(t)-g(t)|\leqslant\rho(g),\ t\in e(y).$$

因为 $f(t)$ 于 $e(y)$ 上有界，它是在弱意义下的有理函数，从而定理得证。

推论 20[69] 设 $\mathfrak{B}$ 是复平面上的一个没有孤立点的紧致子集，X 和 Y 分别表示复变量 z 的 p 和 q 次多项式，则对每个 $g\in C(\mathfrak{B})$，在严格意义下最佳逼近有理分式存在。

事实上，此时 $e(y)$ 在 $\mathfrak{B}$ 中是稠密的，因此在弱意义下的最佳逼近存在，然而在现在情况下，$R_s=R_f$. 因而推论成立。

其它有关结论可参阅[70]。

§2. 有理逼近的降维展开法[71]

设 $\mathscr{D}$ 是含于方域 $S(0\leqslant x\leqslant 1,\ 0\leqslant y\leqslant 1)$ 内的闭区域，其边界 C 是一条按段光滑的简单封闭曲线，假设 $F(x,y)$ 在 S 上对 x 具有 m 阶连续偏导数 $F_x^{(m)}$；又设 $P(x,y)=x^m+Q(x,y)$ 是一个二元多项式，其中 $Q(x,y)$ 所含 x 的最高次幂不大于 $m-1$，则由文献[72]可知有

$$\iint_{\mathscr{D}} F\,dx\,dy=\sum_{k=0}^{m-1}\frac{(-1)^k}{m!}\int_C P_x^{(m-k-1)}\cdot F_x^{(k)}dy+\rho_m,\quad(5.25)$$

其中

$$\rho_m=\frac{(-1)^m}{m!}\iint_{\mathscr{D}} P\cdot F_x^{(m)}dx\,dy.$$

设 $0\leqslant x_0<x\leqslant 1,\ 0\leqslant y_0<y\leqslant 1$. 并以 $\mathscr{D}$ 表示矩形区域 $[x_0,x;y_0,y]\equiv\{(\bar{x},\bar{y})|x_0\leqslant\bar{x}\leqslant x,\ y_0\leqslant\bar{y}\leqslant y\}$. 又假定 $P(x)=x^m+\cdots$ 是一个 m 次多项式，今取 $F(x,y)=\dfrac{\partial^2F}{\partial x\partial y}$ 代入展开公式(5.25)，可得

$$f(x,y)=f(x_0,y)+f(x,y_0)-f(x_0,y_0)$$
$$+\sum_{k=0}^{m-1}\frac{(-1)^k}{m!}\left[\left(\frac{d^{m-k-1}P}{dx^{m-k-1}}\right)\left[\frac{\partial^{k+1}f}{\partial x^{k+1}}\right]_{y_0}^{y}\right]_{x_0}^{x}$$
$$+\rho_m \tag{5.26}$$

其中我们已采用记号

$$[f(x,y)]_{x_0}^{x}=f(x,y)-f(x_0,y),$$
$$[f(x,y)]_{y_0}^{y}=f(x,y)-f(x,y_0),$$

而余项 ρ_m 可以表成

$$\rho_m=\frac{(-1)^m}{m!}\int_{x_0}^{x}P(x)\left[\frac{\partial^{m+1}f}{\partial x^{m+1}}\right]_{y_0}^{y}dx. \tag{5.27}$$

为了使余项(5.27)有较小的估值，最好选择区间[0, 1]上的 Legendre 多项式作为 $P(x)$:

$$P(x)=\frac{m!}{(2m)!}\left(\frac{d}{dx}\right)^m[x^m(x-1)^m],\ 0\leqslant x\leqslant 1.$$

于是根据展开公式(5.26)便可得到如下的一个展开式

$$f(x,y)=f(0,y)+f(x,0)-f(0,0)$$
$$+\sum_{k=1}^{m}\frac{(-1)^{k-1}}{(2m)!}\left[\left[\frac{\partial^k f}{\partial x^k}\right]_0^y\left(\frac{d}{dx}\right)^{2m-k}\right.$$
$$\left.\times(x^2-x)^m\right]_0^x+\delta_m, \tag{5.28}$$

$$(0\leqslant x\leqslant 1,\ 0\leqslant y\leqslant 1).$$

关于这个展开式的余项 δ_m 有

定理 21[71] 在分别假定 $\frac{\partial^{m+1}f}{\partial x^{m+1}}$, $\frac{\partial^{m+2}f}{\partial x^{m+1}\partial y}$ 为连续函数的条件下,(5.28)式的余项 δ_m 分别有下列估计式

$$|\delta_m|\leqslant\frac{m!}{(2m)!}\left(\frac{2x}{m+0.5}\right)^{1/2}\left\|\frac{\partial^{m+1}f}{\partial x^{m+1}}\right\|, \tag{5.29}$$

$$|\delta_m|\leqslant\frac{m!}{(2m)!}\left(\frac{|xy|}{2m+1}\right)^{1/2}\left\|\frac{\partial^{m+2}f}{\partial x^{m+1}\partial y}\right\|, \tag{5.30}$$

其中$\|\cdot\|$表示函数在$S(0\leqslant x\leqslant 1,\ 0\leqslant y\leqslant 1)$上的 Чёбышев 模.

注意(5.28)中的 δ_m 相当于在(5.27)式中令 $x_0=y_0=0$ 所得的 ρ_m. 因此为证(5.29)式,只需对(5.27)中右端积分(其中 $x_0=y_0=0$) 应用 Schwarz 不等式. 事实上,我们有

$$
\begin{aligned}
|\delta_m| &\leqslant \frac{1}{m!}\left(\int_0^x P^2(x)dx\right)^{1/2}\left(\int_0^x\left(\left[\frac{\partial^{m+1}f}{\partial x^{m+1}}\right]_0^y\right)^2 dx\right)^{1/2} \\
&\leqslant \frac{1}{m!}\left(\frac{(m!)^4}{(2m)!(2m+1)!}\right)^{1/2}\cdot 2\left\|\frac{\partial^{m+1}f}{\partial x^{m+1}}\right\|\cdot\sqrt{x} \\
&= \frac{m!}{(2m)!\sqrt{2m+1}}\cdot 2\left\|\frac{\partial^{m+1}f}{\partial x^{m+1}}\right\|\cdot\sqrt{x}.
\end{aligned}
$$

由此即得估计式(5.29). 类似地可以证得估计式(5.30).

展开公式(5.28)是 Hummel-Seebeck-Obrechkoff 公式(见文献[73])的推广. 下面我们举两个简单例子,说明如何应用(5.28)式以导出某些初等函数的近似有理逼近式.

例4 求 $\ln(1+x+y)$ 的近似有理分式,其中

$$0\leqslant x\leqslant 1,\ 0\leqslant y\leqslant 1.$$

注意高阶偏导数 $\left(\frac{\partial}{\partial x}\right)^{m+1}\ln(1+x+y)$ 中将出现因子 $m!$, 因此不能利用通常的 Taylor 展开来求得合用的近似式, 另一方面,由于 m 增大时 $\frac{m!m!}{(2m)!}$ 减小甚快, 因此应用展开式(5.28)却是适宜的.

令 $p_k(x)$ 表示如下的 k 次多项式:

$$p_k(x)=\left(\frac{d}{dx}\right)^{2m-k}(x^2-x)^m.$$

于是直接可得下述近似式

$$
\begin{aligned}
\ln(1+x+y) &\cong \ln(1+x)+\ln(1+y) \\
&+\sum_{k=1}^{m}\frac{(k-1)!}{(2m)!}\left[\left(\frac{1}{(1+x+y)^k}-\frac{1}{(1+x)^k}\right)\right. \\
&\left.\times p_k(x)\right]_0^x \qquad (5.31)
\end{aligned}
$$

对于上式右端的 $\ln(1+x)$ 与 $\ln(1+y)$，可以应用一元情况下的 Beck 公式[73]：

$$\ln(1+x) \cong \sum_{k=1}^{m} \frac{\binom{m}{k}}{k\binom{2m}{k}}\left(\left(\frac{x}{1+x}\right)^k - (-x)^k\right). \quad (5.32)$$

因此可得出一个二元有理逼近式．当然也可在(5.32)中把 x 换成 $x+y$ 以求得一个二元有理逼近式，但此时近似程度要比 (5.31) 式为差．

如取 $m=4$, $x=y=1$ 代入(5.31)式，其中 $\ln 2$ 按(5.32)式计算，则可得

$$\ln 3 \approx 1.0958445.$$

它与 $\ln 3$ 的误差为 0.00277．然而，若按 Beck 的(5.32)式直接计算(即取 $x=2$)，则求得 $\ln 3 \approx 1.0935744$，其误差为 0.00504．

例 5 求 $f(x,y)=e^{xy}$ 的近似有理分式．

直接代入(5.28)式，易算出

$$e^{xy} \approx 1 + \sum_{k=1}^{m} \frac{(-1)^{k-1}}{(2m)!} y^k p_k(x) e^{xy} - \sum_{k=1}^{m} \frac{(-1)^{k-1}}{(2m)!} y^k p_k(0), \quad (5.33)$$

其中

$$p_k(0) = \left(\frac{d}{dx}\right)^{2m-k} [x^m(x-1)^m]|_{x=0} = (2m-k)!\binom{m}{k}(-1)^k.$$

从(5.33)中解出

$$e^{xy} \approx \frac{(2m)! + \sum_{k=1}^{m}(2m-k)!\binom{m}{k}y^k}{(2m)! + \sum_{k=1}^{m}(-1)^k y^k p_k(x)}. \quad (5.34)$$

显然当 $x=0$ 或 $y=0$ 时，上式是精确成立的，不难算出

$p_k(1)=(2m-k)!\binom{m}{k}$. 因此在近似公式(5.34)中取 $x=1$,便可得

$$e^y \approx \frac{(2m)!+\sum_{k=1}^{m}(2m-k)!\binom{m}{k}y^k}{(2m)!+\sum_{k=1}^{m}(2m-k)!\binom{m}{k}(-y)^k}. \tag{5.35}$$

有趣的是,该近似公式恰好包括 Euler 无穷连分式

$$e^y = 1+\frac{2y}{2-y}+\frac{y^2}{6}+\frac{y^2}{10}+\cdots+\frac{y^2}{2(2n+1)}+\cdots$$

的一切渐近分式(见文献[73])。

除此以外,(5.34) 也还包括另外一个在本质上不同于(5.35)的有理逼近式

$$e^x \approx \frac{(2m)!+\sum_{k=1}^{m}(2m-k)!\binom{m}{k}}{(2m)!+\sum_{k=1}^{m}(-1)^k p_k(x)}.$$

该近似有理分式的特点是分子中不出现变元 x.

§3. 多元 Padé 逼近方法

为了给出多元 Padé 逼近的 Chisholm 格式[74],我们先介绍一元 Padé 逼近的一些有关结论(请参阅文献[70])。

设 $f(z)$ 由下述形式幂级数所定义

$$f(z)=\sum_{\gamma=0}^{\infty}c_\gamma z^\gamma, \tag{5.36}$$

则其 $[m/n]$ Padé 逼近

$$f_{m,n}(z)=\left(\sum_{\alpha=0}^{m}a_\alpha z^\alpha\right)\Big/\left(\sum_{\beta=0}^{n}b_\beta z^\beta\right). \tag{5.37}$$

由下列等式所确定

$$\left(\sum_{\beta=0}^{n} b_\beta z^\beta\right)\left(\sum_{\gamma=0}^{\infty} c_\gamma z^\gamma\right) = \sum_{\alpha=0}^{m} a_\alpha z^\alpha + o(z^{m+n}), \tag{5.38}$$

其中 $o(z^{m+n})$ 表示(5.38)中等式左端与右端第一项中 $1, z, z^2, \cdots, z^{m+n}$ 诸项系数均分别相等,即有理分式 (5.37) 所给出的 $[m/n]$ Padé 逼近,可按求解一个由 $m+n+1$ 个方程组成的线性方程组而得到:

$$\begin{cases} a_0 = c_0 b_0, \\ a_1 = c_1 b_0 + c_0 b_1, \\ \cdots \\ a_m = c_m b_0 + c_{m-1} b_1 + \cdots + c_{m-n} b_n, \\ c_{m+1} b_0 + c_m b_1 + \cdots + c_{m-n+1} b_n = 0, \\ c_{m+2} b_0 + c_{m+1} b_1 + \cdots + c_{m-n+2} b_n = 0, \\ \cdots \\ c_{m+n} b_0 + c_{m+n-1} b_1 + \cdots + c_m b_n = 0. \end{cases} \tag{5.39}$$

其中为了记号上的统一,已设 $c_k = 0$ (当 $k < 0$). 实践表明,若把各个 $[m/n]$ Padé 逼近列成所谓 Padé 表

$$\begin{matrix} f_{0,0}(z) & f_{0,1}(z) & f_{0,2}(z)\cdots \\ f_{1,0}(z) & f_{1,1}(z) & f_{1,2}(z)\cdots \\ f_{2,0}(z) & f_{2,1}(z) & f_{2,2}(z)\cdots \end{matrix} \tag{5.40}$$

则以主对角线上的 $[m/n]$ Padé 逼近 $f_{m,m}(z)$ 为最有效(当 $m+n=\text{const}$).

Padé 逼近有下述重要性质:

定理 22[73] 对幂级数(5.36)作变量替换

$$z = \frac{Aw}{1 - Bw} \qquad (A \neq 0) \tag{5.41}$$

并将所得 w 的函数展成幂级数,设为

$$g(w) = \sum_{\varepsilon=0}^{\infty} e_\varepsilon w^\varepsilon. \tag{5.42}$$

则 $g(w)$ 的 $[m/n]$ Padé 逼近 $g_{m,m}(w)$ 恰为

$$g_{m,m}(w)\equiv f_{m,m}\left(\frac{Aw}{1-Bw}\right). \tag{5.43}$$

即主对角线逼近在变换(5.41)下是不变的。

定理 23[75] 设由(5.36)式给出的倒级数为

$$f^{-1}(z)=\sum_{\delta=0}^{\infty}d_{\delta}z^{\delta}, \tag{5.44}$$

则 $f^{-1}(z)$ 的主对角线逼近恰为

$$f^{-1}_{m,m}(z)=[f_{m,m}(z)]^{-1}. \tag{5.45}$$

Chisholm[74] 考虑了 Padé 逼近的一种多元推广。

考虑重级数

$$\sum_{\alpha,\beta=0}^{\infty}c_{\alpha\beta}x^{\alpha}y^{\beta} \tag{5.46}$$

的下形二元 $[m/n]$ 逼近

$$f_{m,m}(x,y)\equiv\frac{\sum\limits_{\mu,\nu}^{m}a_{\mu\nu}x^{\mu}y^{\nu}}{\sum\limits_{\sigma,\tau=0}^{m}b_{\sigma\tau}x^{\sigma}y^{\tau}}, \tag{5.47}$$

其中有理分式的分子分母上的多项式，关于 x 与 y 的最高次幂分别都是 m 次的，不失一般性，可以在(5.46)和(5.47)中假定

$$c_{00}=1;\ a_{00}=b_{00}=1. \tag{5.48}$$

例如 [1/1]逼近的情况为

$$f_{1,1}=\frac{1+a_{10}x+a_{01}y+a_{11}xy}{1+b_{10}x+b_{01}y+b_{11}xy}.$$

注意到约定(5.48)，$f_{m,m}(x,y)$ 中未知参数的个数为

$$2[(m+1)^2-1]=2m^2+4m. \tag{5.49}$$

(5.38)式的二元推广应为

$$\left(\sum_{\sigma,\tau=0}^{m}b_{\sigma\tau}x^{\sigma}y^{\tau}\right)\left(\sum_{\alpha,\beta=0}^{\infty}c_{\alpha\beta}x^{\alpha}y^{\beta}\right)$$

$$=\sum_{\mu,\nu}^{m}a_{\mu\nu}x^{\mu}y^{\nu}+o(x^{\gamma}y^{2m-\gamma}), \tag{5.50}$$

其中右端最后一项表示等式两端的第一项中整体阶（即 x 与 y 方次之和）小于 $2m+1$的项均相等。

因为已假定条件 (5.48)，所以其 0 阶项相等的条件是自然满足的。于是由(5.50)式所得到方程的个数为

$$\sum_{\gamma=2}^{2m+1}\gamma=2m^2+3m,$$

它比由(5.49)式所示的未知参数的个数恰好少 m 个。为了补上这个差额，自然应该从(5.50)式两边整体次数为 $2m+1$ 次的项

$$x^{\gamma}y^{2m+1-\gamma}$$

中去寻找。 Shisholm 的办法是从关于 x 和 y 对称的角度，而令 m 对项

$$x^{\gamma}y^{2m+1-\gamma},\ x^{2m+1-\gamma}y^{\gamma}\qquad(\gamma=1,2,\cdots,m)\tag{5.51}$$

系数的和相等来补偿这个差额。

如果我们定义

$$a_{\gamma\delta}=b_{\gamma\delta}\equiv 0\qquad(\gamma>m\ \text{或}\ \delta>m).\tag{5.52}$$

则由(5.50)和(5.51)的考虑，所得线性方程组为

$$\sum_{\sigma=0}^{\gamma}\sum_{\tau=0}^{\delta}b_{\sigma\tau}c_{\gamma-\sigma,\delta-\tau}=a_{\gamma\delta}$$

$$(\gamma,\delta=0,1,\cdots,2m;1\leqslant\gamma+\delta\leqslant 2m)\tag{5.53}$$

和

$$\sum_{\sigma=0}^{\gamma}\sum_{\tau=0}^{\delta}(b_{\sigma\tau}c_{\gamma-\sigma,\delta-\tau}+b_{\tau\sigma}c_{\delta-\tau,\gamma-\sigma})=0,$$

$$(\gamma=1,\cdots,m;\gamma+\delta=2m+1).\tag{5.54}$$

方程组(5.53)可确定 $m(m+2)$ 个系数 $\{a_{\gamma\delta}\}$ $(\gamma,\delta=0,1,\cdots,m;\gamma^2+\delta^2\neq 0)$。剩下 $m(m+1)$ 个方程同(5.54)的 m 个方程一起确定除去 b_{00} 以外的 $m(m+2)$ 个系数 $\{b_{\sigma\tau}\}$。

方程(5.52)等价于(5.53)。 为了说明(5.54)的意思，把(5.50)修正为

$$\left(\sum_{\sigma,\tau=0}^{m} b_{\sigma\tau}x^{\sigma}y^{\tau}\right)\left(\sum_{\alpha,\beta=0}^{m} c_{\alpha\beta}x^{\alpha}y^{\beta}\right)$$

$$=\sum_{\mu,\nu=1}^{m\nu} a_{\mu\nu}x^{\mu}y^{\nu}+o[x^{r}y^{2m-r}, S(x^{r}y^{2m+1-r})], \tag{5.55}$$

其中符号 S 表示由(5.51)所界定的对称项系数和相等的意思。

为说明这里的意思，我们以 $f_{1,1}(x, y)$ 为例来说明：于(5.55)中令 x, y, xy, x^2, y^2 各项系数分别相等而得到(注意(5.48)式)

$$\begin{cases} b_{10}+c_{10}=a_{10}, \\ b_{01}+c_{01}=a_{01}, \\ b_{11}+b_{10}c_{01}+b_{01}c_{10}+c_{11}=a_{11}, \\ c_{10}b_{10}+c_{20}=0, \\ c_{01}b_{01}+c_{02}=0, \end{cases} \tag{5.56}$$

这是由(5.53)式得到的五个方程，还有一个（因 $m=1$）由(5.54)式所给出的方程

$$(c_{21}+c_{12})+(c_{11}+c_{02})b_{10}+(c_{11}+c_{20})b_{01}$$
$$+(c_{10}+c_{01})b_{11}=0, \tag{5.57}$$

它是按 x^2y, xy^2 系数和相等而导出的。

不难看出，确定 a_{10}, a_{01}, b_{10}, b_{01} 的那些方程恰好是在(5.50)中令 $y=0$ 或 $x=0$ 而对应的两个一元[1/1]Padé 逼近所赖以确定的那些方程。

从(5.50)或(5.55)不难看出，当令其中的 $x=0$或 $y=0$ 时，相应的二元 Padé 逼近恰好退化为一元的主对角线逼近。

注意到在(5.56)和(5.57)中，其最高阶项系数偶 (c_{12}, c_{21}) 仅出现在组合 $(c_{12}+c_{21})$ 中。对一般情况而言，最高阶系数偶 $(c_{\alpha,2m+1-\alpha}, c_{2m+1-\alpha,\alpha})$ 仅会出现在组合项

$$(c_{\alpha,2m+1-\alpha}+c_{2m+1-\alpha,\alpha}) \tag{5.58}$$

之中。即出现在(5.54)中，而不出现在(5.53)中。

下面讨论多元 Padé 逼近的不变性质。

考虑二元变量替换

$$x = \frac{Au}{1 - Bu}, \quad y = \frac{Av}{1 - Cv} \quad (A \neq 0) \tag{5.59}$$

今将变量替换 (5.59) 代入二元 $[m/n]$ Padé 逼近式(5.47)，可得

$$g_{m,m}(u, v) \equiv \frac{\sum\limits_{\mu,\nu=0}^{m} a_{\mu\nu}(Au)^{\mu}(1 - Bu)^{m-\mu}(Av)^{\nu}(1 - Cv)^{m-\nu}}{\sum\limits_{\sigma,\tau=0}^{m} b_{\sigma\tau}(Au)^{\sigma}(1 - Bu)^{m-\sigma}(Av)^{\tau}(1 - Cv)^{m-\tau}}$$

$$\equiv \frac{\sum\limits_{\mu,\nu=0}^{m} a'_{\mu\nu}u^{\mu}v^{\nu}}{\sum\limits_{\sigma,\tau=0}^{m} b'_{\sigma\tau}u^{\sigma}v^{\tau}}. \tag{5.60}$$

上述有理分式的分子、分母中关于 u 和 v 的最高次幂均为 u^m 和 v^m. 也即它和(5.47)具有相同的形式.

今将变换(5.59)代入(5.46)式，可得

$$\sum_{\alpha,\beta=0}^{\infty} c_{\alpha\beta}\left(\frac{Au}{1 - Bu}\right)^{\alpha}\left(\frac{Av}{1 - Cv}\right)^{\beta}, \tag{5.61}$$

并用二项式定理展开 $(1 - Bu)^{-\alpha}$ 和 $(1 - Cv)^{-\beta}$，则可得到关于 u, v 的一个形式幂级数

$$\sum_{\xi,\eta=0}^{\infty} c'_{\xi\eta}u^{\xi}v^{\eta}. \tag{5.62}$$

如果我们能够指出，$g_{m,m}(u, v)$ 满足相应于幂级数(5.62)的方程组(5.53)和(5.54)，则 $g_{m,m}(u, v)$ 也就是幂级数(5.62)的 $[m/m]$ Padé 逼近了.

显然，在(5.61)中系数 $c_{\alpha\beta}$ 仅仅会影响(5.62)中的系数

$$c'_{\xi\eta}(\xi \geqslant \alpha, \eta \geqslant \beta).$$

如果定义重级数

$$\sum_{\mu,\nu=0}^{\infty} \gamma_{\mu\nu}x^{\mu}y^{\nu} \equiv \sum_{\mu,\nu=0}^{m} a_{\mu\nu}x^{\mu}y^{\nu}$$

$$- \left[\sum_{\sigma,\tau=0}^{m} b_{\sigma\tau}x^{\sigma}y^{\tau}\right] \cdot \left[\sum_{\alpha,\beta=0}^{\infty} c_{\alpha\beta}x^{\alpha}y^{\beta}\right], \tag{5.63}$$

则方程组(5.53)和(5.54)能表承成

$$\gamma_{\mu\nu}=0 \quad (\mu+\nu\leqslant 2m) \tag{5.64}$$

和

$$\gamma_{\mu,2m+1-\mu}+\gamma_{2m+1-\mu,\mu}=0 \quad (\mu=1,2,\cdots,m). \tag{5.65}$$

由(5.60),并用 $(1-Bu)^m(1-Cv)^m$ 乘(5.63)得到

$$\begin{aligned}
&\sum_{\mu,\nu=0}^{m} a_{\mu\nu}(Au)^\mu(1-Bu)^{m-\mu}(Av)^\nu(1-Cv)^{m-\nu}\\
&\quad+\left[\sum_{\sigma,\tau=0}^{m} b_{\sigma\tau}(Au)^\sigma(1-Bu)^{m-\sigma}(Av)^\tau(1-Cv)^{m-\tau}\right]\\
&\quad\times\left[\sum_{\alpha,\beta=0}^{\infty} c_{\alpha\beta}\left(\frac{Au}{1-Bu}\right)^\alpha\left(\frac{Av}{1-Cv}\right)^\beta\right]\\
&=\sum_{\mu,\nu=0}^{m} a'_{\mu\nu}u^\mu v^\nu-\left(\sum_{\sigma,\tau=0}^{m} b'_{\sigma\tau}u^\sigma v^\tau\right)\left(\sum_{\alpha,\beta=0}^{\infty} c'_{\alpha\beta}u^\alpha v^\beta\right) \qquad (5.66)\\
&\equiv\sum_{\mu,\nu=0}^{\infty}\gamma'_{\mu\nu}u^\mu v^\nu.
\end{aligned}$$

考察上式中 $u^\mu v^\nu$ 的系数,可得

$$\begin{aligned}
\gamma'_{\mu\nu}=&\sum_{\gamma=0}^{\mu}\sum_{\delta=0}^{\nu}\binom{m-\mu+\gamma}{\gamma}\\
&\times\binom{m-\nu+\delta}{\delta}A^{\mu+\nu-\gamma-\delta}(-B)^\gamma(-C)^\delta\gamma_{\mu-\gamma,\nu-\delta}\\
&(\mu\leqslant m,\ \nu\leqslant m)
\end{aligned} \tag{5.67}$$

和

$$\gamma'_{\mu\nu}\equiv 0 \ (\mu>m \text{ 或 } \nu>m,\ \mu+\nu\leqslant 2m).$$

由(5.64)可推知

$$\gamma'_{\mu\nu}=0 \quad (\mu+\nu\leqslant 2m). \tag{5.68}$$

类似地有

$$\gamma'_{\mu\nu}=A^{2m+1}\gamma_{\mu\nu} \ (\mu+\nu=2m+1). \tag{5.69}$$

从而

$$\gamma'_{\mu,2m+1-\mu}+\gamma'_{2m+1-\mu,\mu}=0\ (\mu=1,\cdots,m). \tag{5.70}$$

比较(5.68)，(5.70)和(5.64)，(5.65)即可得到这些方程在变换(5.59)下的不变性。此即

定理 24[74] 重级数(5.48)在变换(5.59)下所得重级数(5.62)的 $[m/m]$ Padé 逼近 $g_{m,m}(\mu,\nu)$ 恰好为

$$f_{m,m}\left(\frac{Au}{1-Bu},\ \frac{Av}{1-Cv}\right).$$

即主对角线逼近在变换(5.59)下是不变的。

重级数(5.46)的倒级数 $\sum_{\gamma,\delta=0}^{\infty} d_{\gamma\delta}x^\gamma y^\delta$ 满足形式等式

$$\left(\sum_{\alpha,\beta=0}^{\infty} c_{\alpha\beta}x^\alpha y^\beta\right)\left(\sum_{\gamma,\delta=0}^{\infty} d_{\gamma\delta}x^\gamma y^\delta\right)\equiv 1.$$

系数 $\{d_{\gamma\delta}\}$ 满足方程组

$$\sum_{\gamma=0}^{\mu}\sum_{\delta=0}^{\nu} c_{\mu-\gamma,\nu-\delta}d_{\gamma\delta}=0\ (\mu+\nu\geqslant 1).$$

如果形式地用 $\sum_{\gamma,\delta=0}^{\infty} d_{\gamma\delta}x^\gamma y^\delta$ 去乘(5.63)式，则可得

$$\begin{aligned}-\left(\sum_{\gamma,\delta=0}^{\infty} d_{\gamma\delta}x^\gamma y^\delta\right)\left(\sum_{\mu,\nu=0}^{\infty}\gamma_{\mu\nu}x^\mu y^\nu\right)&\\
=\sum_{\sigma,\tau=0}^{m} b_{\sigma\tau}x^\sigma y^\tau-\left(\sum_{\mu,\nu=0}^{m} a_{\mu\nu}x^\mu y^\nu\right)&\\
\times\left(\sum_{\gamma,\delta=0}^{\infty} d_{\gamma\delta}x^\gamma y^\delta\right)\equiv\sum_{\sigma,\tau=0}^{\infty}\gamma''_{\mu\nu}x^\mu y^\nu.&\end{aligned} \tag{5.71}$$

由(5.64)推知

$$\begin{aligned}&\gamma''_{\mu\nu}=0 && (\mu+\nu\leqslant 2m),\\
&\gamma''_{\mu\nu}=-\gamma_{\mu\nu} && (\mu+\nu=2m+1).\end{aligned} \tag{5.72}$$

于是根据(5.65)式得到

$$\gamma'_{\mu,2m+1-\mu}+\gamma''_{2m+1-\mu,\mu}=0. \tag{5.73}$$

关系式(5.71),(5.72),(5.73)说明倒级数

$$\sum_{\gamma,\delta=0}^{\infty} d_{\gamma\delta}x^{\gamma}y^{\delta}$$

的 $[m/m]$ Padé 逼近是 $[f_{m,m}(x, y)]^{-1}$. 此即为

定理 25[74] 重级数(5.46)的倒级数

$$\sum_{\gamma,\delta=0}^{\infty} d_{\gamma\delta}x^{\gamma}y^{\delta} \tag{5.74}$$

的主对角线逼近恰为

$$[f_{m,m}(x, y)]^{-1} \tag{5.75}$$

其中 $f_{m,m}(x, y)$ 为(5.46)的 $[m/m]$ Padé 逼近式。

顺便指出，如果 $f(x, y)$ 由下列形式幂级数所给出

$$\begin{aligned} f(x, y) &= \sum_{i=0}^{\infty}\sum_{j=0}^{\infty} c_{ij}x^{i}y^{j} \\ &= \sum_{k=0}^{\infty}\sum_{j=0}^{\infty} c_{k-j,j}x^{k-j}y^{j} \\ &= \sum_{k=0}^{\infty} x^{k}\left(\sum_{j=0}^{k} c_{k-j,j}\left(\frac{y}{x}\right)^{j}\right). \end{aligned} \tag{5.76}$$

Schwartz[76]指出，可以把上述幂级数视为单变量 x 的幂级数，其系数为 $\left(\frac{y}{x}\right)$ 的多项式，他还指出关于一元有理逼近的方法，例如 Wynn 的 ε 算法(参阅文献[77]和[70])都是适用的。由此我们也可相应建立一批多元有理逼近的计算方法。

参 考 文 献

[1] Lorentz,G.G., Bernstein polynomials, University of Toronto Press, Toronto, 1953.

[2] Hildebrandt, T. H. and Schoenberg, I. J., On the moment problem, *Ann. of Math.*, (2), **34**(1933), 317—328.

[3] 柯罗夫金 П. П., 线性算子与逼近论, 人民教育出版社, 1960.

[4] Волков. В. И., О Сходимости последовательностей линейных положительных Операторов В пространстве Непрерывных Функций двух переменных, *Докл. АН СССР*, **115**(1957), 17—19.

[5] Мамедов, Р. Г., О порядке приближения Функцуй Линейными положительными Операторами, *Докл. АН СССР*, **128**(1959), 674—676.

[6] Shisha, O. and Mond, B., The degree of convergence of sequences of linear positive operators, *Proc. Nat. Acad Sci. U. S. A.*, **60**(1968), 1196—1200.

[7] Popoviciu, T., Sur l'approximation des fonctions convexes d'ordre superieur, *Mathematica (Cluj)*, **10**(1935), 49—54.

[8] 李文清, 关于 k 维空间的伯恩斯坦多项式的逼近度, 厦门大学学报, **2** (1962), 119—129.

[9] 徐利治, 渐近积分和积分逼近, 科学出版社, 1958.

[10] 王仁宏, 一类三角多项式对某些多元周期函数的逼近性质, 吉林大学自然科学学报, **3**(1963), 173—179.

[11] 王仁宏, 高维欧氏空间上线性正算子对多元函数的逼近阶之渐近公式, 吉林大学自然科学学报, **1**(1964), 1—16.

[12] Люстерник Л. А., О многочленной Аппроксимации Функций, заданных На Всей плоскости, *УСП. Мат, Наук*, Том. **8**, Бып. 1 (1953), 161—164.

[13] Stancu, D. D., De l'approximation, par des polynomials de type Bernstein, des fonctions de deux variables, *Com. Acad. R. P. Romîne*, **9**(1959), 773—777.

[14] 徐利治, Approximation of non-bounded Continuous functions etc., *Studia Math.*, **21**(1961), 37—43.

[15] 徐利治、王仁宏, 扩展乘数法与无界函数的多项式逼近 (I), 吉林大学自然科学学报, **1**(1963), 61—79.

[16] 徐利治、王仁宏, 扩展乘数法与无界函数的多项式逼近 (II), 吉林大学自然科学学报, **2**(1963), 375—385.

[17] 徐利治, 扩展乘数法与无界函数的多项式逼近 (III), 吉林大学自然科学学报, **2**(1963), 387—391.

[18] 王仁宏, 扩展乘数法与无界函数的多项式逼近 (IV), 吉林大学自然科学学报,

1(1965), 31—43.

[19] 王仁宏，Приближение неограниченных функций Видоизмененными Многочленами Ландау иБернштейна На Всей Плоскости, *Докл. Акад. Наук СССР*, Том. **150**, № 6 (1963), 1195—1197.

[20] 徐利治，王仁宏，Огщие Методы «Возрастающих Множителей» и Аппроксимация Неограниченных Непрерывных функций Некоторыми Конкретными Полиномиальными Операторами, *Докл. Акад Наук СССР*, Том. **156**, № 2(1964), 264—267.

[21] 王仁宏，Approximation of non-bounded Continuous functions by Some singular integrals. *Mathematica (Cluj)* Vol.**5**(28), 1(1963), 131—136.

[22] 王仁宏，连续函数的一类新的近似多项式，吉林大学自然科学学报，**4** (1965), 109—116.

[23] 王仁宏，拟局部正线性算子与无界函数的逼近，数学学报，23(1980)，163—176.

[24] 徐利治，数学分析的方法及例题选讲，高等教育出版社，北京，1958.

[25] 米凯拉德捷，Ш. Е., 数学分析的数值方法，科学出版社，1957.

[26] 瓦克，R., J. 代数曲线，科学出版社，1958.

[27] Steffensen, J. F., Interpolation, Baltimore, Williams and Wilkins, 1927.

[28] Thacher, H. C. Jr., and Milne, W. E., Interpolation in several variables, *J. Soc. Indust. Appl. Math.*, **8**(1960), 33—42.

[29] Salzer, H. E., Some new divided difference algorithms for two variables, On Numerical Approximation, 1959, 61—98.

[30] 徐利治，构造数值求积公式的一个方法，*Rev. Math. Pure & Appl.*, Vol. **7**(1962), No.1, 109—117.

[31] 梁学章，二元插值多项式的收敛性，吉林大学自然科学学报，**2**(1963), 579—582.

[32] 郑连凯、梁学章，一个二元五点组上的插值公式，吉林大学自然科学学报，1(1965), 17—30.

[33] 梁学章，二元插值的适定结点组与迭加插值法，吉林大学自然科学学报，1(1979), 27—32.

[34] 梁学章，关于多元函数的插值与逼近，高等学校计算数学学报，1(1979), 123—124.

[35] Ahlin, A. C., A bivariate generalization of Hermites interpolation formula, *Math. Comput*, **18**(1964), 264—273.

[36] 梁学章、朱功勤，构造二元切触插值公式的方法，数学研究与评论，1 (1981), 91—100.

[37] Milne, W. E.; W. Arntzen, N. Reynolds & J. Wheelock, Mathematics for digital computers, Vol .1 (1958), Multivariate Interpolation, WADC Technical Report 57—556.

[38] Kincaid, W. M., Note on the error in interpolation of a function of two independent variables, *Ann. Math. Statistics*, **19**(1948), 85—88.

[39] 王仁宏、梁学章，二元函数在某些多项式类上的最佳一致逼近，吉林大学自然科学学报，**2**(1965), 1—10.

[40] Schoenberg, I. J., On the question of unicity in the theory of best approximation, *Ann. N.Y. Acad. Sci.*, **86**(1960), 682—691.

[41] 阿赫叶慈尔，H. И.，逼近论讲义，科学出版社，1957.

[42] Collatz, L., Approximation von Funktionen bei einer und bei mehreren unabhängigen Veranderlichen, *Z. Angew. Math. Mech.*, Vol. **36** (1956), 198—211.

[43] Безбородников, М. Ф., К вопросу о наииучшем приближении функций многих переменных многочленами, *ИЗВ. ВУЗ. Матем.*, **4**(1962) 3—17.

[44] 梁学章，关于多元 Чебышев 逼近 (I)，吉林大学自然科学学报，**1**(1965)，1—15.

[45] 梁学章，关于多元 Чебышев 逼近 (II)，吉林大学自然科学学报，**2**(1979)，9—16.

[46] 梁学章，某些高维区域上的最小零偏差多项式，计算数学，**2**(1979)，189—193.

[47] Gearhart, W. B., Some Chebyshev approximations by polynomials in two variables, *Journal of Approximation Theory*, **8**(1973), No. 3, 195—209.

[48] Stiefel, E., Über diskrete und lineare Tschebyscheff-Approximattionen, *Numer. Mathematik*, **1**(1959), No.1, 1—28.

[49] Cheney, E, W, and Goldstein, A. A., Newton's method for convex programming and Tchebycheff approximation, *Numer, Math*, **1**(1959), 253—268.

[50] Rice, J. R., Tchebycheff approximation in several variables, *Trans. Amer. Math. Soc.* Vol. **109** (1963), No.3, 444—466.

[51] Зуховицкий. С.И., О приближении действительных функций в смысле П. Л. Чебышева. *Успех Матем. Наук.*, **11**(1956), No. 2.

[52] Rivlin, T. J. and Shapiro, H. S., A unified approach to certain problems of approximation and minimization, *J. Soc. Indust. Appl. Math.*, **9**(1961), 670—699.

[53] Schoenberg, I. J., Contribution to the problem of approximation of equidistant data by analytic functions, Part A&B, *Quart. Appl. Math.*, **4**(1946), 45—99, 112—141.

[54] Schoenberg, I.J.and Whitney, A., On Polya Frequency Functions III, *Trans. Amer. Math. Soc.*, **74**(1953), 246—259.

[55] Greville T. N. E., Theory and applications of spline functions, Acad. Press, New York, 1968.

[56] Ahlberg, J. H., Nilson, E. N. and Walsh, J. L., The Theory of Splines and Their Applications, Acad Press, New York, 1967.

[57] 李岳生、齐东旭，样条函数方法，科学出版社，1979.

[58] 王仁宏、周蕴时，程少春，一种光滑插值方法及其应用，吉林大学自然科学学报，**3**(1978)，68—72.

[59] Coons, S. A., Surfaces for the computer aided design of space form, Project MAC, MIT. Revised to MacTR-41, June 1967.

[60] Birkhoff, G and Garabedian, H. L., Smooth surface interpolation, *Jour. Math. & Phys.*, **39**(1960), 256—268.

[61] 王仁宏，多元齿的结构与插值，数学学报，Vol. **18**, No. 2(1975), 91—106

[62] 王仁宏，任意剖分下的多元样条分析，中国科学，数学专辑 (I) (1979), 215—226.

[63] 王仁宏，任意剖分下的多元样条分析 (II)，高等学校计算数学学报 1(1980), 78—81.

[64] Ženíšek, A., Interpolation polynomials on the triangle, *Numer. Math.*, 15(1970), 283—296.

[65] Shah, J. M., Two-dimensional polynomial splines, *Numer. Math.*, 15 (1970), 1—14.

[66] 梁学章，二元四次样条插值与有限元法，吉林大学自然科学学报，1(1978), 85—95.

[67] Meinardus, G., Approximation von Funktionen und ihre numerische Behandlung, Springer-Verlag, Berlin. Göttingen. Heidelberg. New York, 1964.

[68] Collatz, L., Inclusion theorems for the Minimal distance in rational Tschebyscheff approximation with several Variables. "Approximation of Functions" (Ed. H. L. Garabedian) Elsevier Publishing Company, Amsterdam. London. New York, 1965, 43—56.

[69] Newman, D. J. 和 Shapiro, H.S., Approximation by generalized rational functions. "On Approximation Theory" (Ed. P. L. Butzer, 和 J. Korevaar), Birkhäuser Verlag Basel, 1964, 245—251.

[70] 王仁宏，数值有理逼近，上海科学技术出版社，1980.

[71] 徐利治、王仁宏、周蕴时，边界型求积公式的构造方法及应用，计算数学，3(1978), 54—75.

[72] 徐利治、周蕴时，高维数值积分，科学出版社，北京，1980.

[73] 哈凡斯基 A. H.，连分式及其推广在近似分析问题上的应用，科学出版社，北京，1962.

[74] Chisholm, J. S. R., Rational Approximants defined from double power series, *Mathematics of Computation*, 27(1973), 841—848.

[75] Baker., Jr., G. A., Essentials of Padé Approximants, Acad. Press New York, San Francisco, London, 1975.

[76] Schwartz, L. W., Rational approximations to the solution of the blunt-body & Related problems, "Padé Approximants Method and Its applications to Mechanics" (Ed H. Cabannens), 1976, 165—188.

[77] Wynn, P., On the Convergence and stability of the epsilon agorithm, *SIAM J. Numer. Anal.*, 3(1966), 91—122.

《计算方法丛书 · 典藏版》书目

样条函数方法　1979.6　李岳生 齐东旭　著
高维数值积分　1980.3　徐利治 周蕴时　著
快速数论变换　1980.10　孙　琦等　著
线性规划计算方法　1981.10　赵凤治　编著
样条函数与计算几何　1982.12　孙家昶　著
无约束最优化计算方法　1982.12　邓乃扬等　著
解数学物理问题的异步并行算法　1985.9　康立山等　著
矩阵扰动分析(第二版)　2001.11　孙继广　著
非线性方程组的数值解法　1987.7　李庆扬等　著
二维非定常流体力学数值方法　1987.10　李德元等　著
刚性常微分方程初值问题的数值解法　1987.11　费景高等　著
多元函数逼近　1988.6　王仁宏等 著
代数方程组和计算复杂性理论　1989.5　徐森林等　著
一维非定常流体力学　1990.8　周毓麟 著
椭圆边值问题的边界元分析　1991.5　祝家麟　著
约束最优化方法　1991.8　赵凤治等　著
双曲型守恒律方程及其差分方法　1991.11　应隆安等　著
线性代数方程组的迭代解法　1991.12　胡家赣　著
区域分解算法——偏微分方程数值解新技术　1992.5　吕　涛等　著
软件工程方法　1992.8　崔俊芝等　著
有限元结构分析并行计算　1994.4　周树荃等　著
非数值并行算法(第一册)模拟退火算法　1994.4　康立山等　著
非数值并行算法(第二册)遗传算法　1995.1　刘　勇等　著
矩阵与算子广义逆　1994.6　王国荣　著
偏微分方程并行有限差分方法　1994.9　张宝琳等　著
准确计算方法　1996.3　邓健新　著
最优化理论与方法　1997.1　袁亚湘　孙文瑜　著
黏性流体的混合有限分析解法　2000.1　李　炜　著
线性规划　2002.6　张建中等　著